高情绪价值

建立有温度的人际关系

吴郁楠◎著

中国·广州

图书在版编目（CIP）数据

高情绪价值 / 吴郁楠著. — 广州：广东旅游出版社, 2023.12
ISBN 978-7-5570-3144-2

Ⅰ.①高… Ⅱ.①吴… Ⅲ.①情绪－自我控制－通俗读物 Ⅳ.① B842.6-49

中国国家版本馆 CIP 数据核字（2023）第 184685 号

出 版 人：刘志松
责任编辑：张晶晶　黎　娜
责任校对：李瑞苑
责任技编：冼志良

高情绪价值
GAOQINGXU JIAZHI

广东旅游出版社出版发行
（广州市荔湾区沙面北街 71 号首层、二层　邮编：510130）
印刷：北京晨旭印刷厂
（北京市密云区西田各庄镇西田各庄村）
联系电话：020-87347732　邮编：510130
880 毫米 ×1230 毫米　32 开　7.25 印张　143 千字
2023 年 12 月第 1 版　2023 年 12 月第 1 次印刷
定价：58.00 元

［版权所有　侵权必究］
本书如有错页倒装等质量问题，请直接与印刷厂联系换书。

自序

为什么你学习了那么多情感知识，仍然不会用

同样的老师上同样的课，为什么有的人学得好，有的人学得不好？为什么有的人记了3本学习笔记，但是学完还跟没学一样，自己的生活毫无变化，而有的人上完课，就能把学到的知识融入生活，使生活发生积极的变化？

学习方式的不同，导致学习效果完全不同。有的人多用"逻辑我"学习，有的人多用"实践我"学习。我希望你可以尝试多用"实践我"去看这本书，你会发现这种学习方式，可以帮助你活用书本知识。在情绪应对这件事上，你不再纸上谈兵，而可以轻松地回应每个人

的情绪。

你学习能力差，也许是因为没有掌握"实践我"

"逻辑我"是用逻辑、理性的方式接收所有新获得的知识，并把这些知识用理论记录下来，储存在大脑中的学习方法。

"实践我"是用场景模拟的方式接收所有新获得的知识，并把这些知识用模拟发生在自己身上的形式记录在大脑中的学习方法。

以英语学习为例，为什么有的人从幼儿园开始学英语，学了十几年，但是仍然无法用英语交流？也许他们会说"我天生就不是学语言的料"，那为什么他们说中文毫无障碍呢？同样是语言，而且中文比英文难学，他们怎么就不是学语言的料了？为什么有的人却可以在两三年甚至更短的时间内达到熟练运用英语的程度？

这其中除了个体的差异外，区别究竟是什么？一个重要的区别是，有的人多用"逻辑我"学习，有的人多用"实践我"学习。

回忆一下我们小时候是如何学习中文的？是妈妈跟我们说一句"你好"，然后我们说一句"你好"，并且是在见到叔叔阿姨时，或者在某些特定场景下，我们需要说"你好"，妈妈才会教我们。吃饭的时候妈妈会对我们说"宝宝饿不饿呀，来，宝宝说，我要吃饭"。在吃饭的过程中，妈妈也会不断地告诉我们，这个是土豆，这个是芸豆，这个是莜麦菜，这个是鸡肉，等等。是在我们需要这些词汇的时候，妈妈在旁边教我们怎么说的。这就是"实践我"的学习方式。

我们从出生开始接触中文，学习中文，通常在两岁左右时就可以表达简单的意思了。

为什么有的人在长达十几年甚至几十年的英语学习过程中，仍然说不好这门语言呢？多数时候，我们不是像学习中文那样在场景当中去学习，而是在教室里坐着，老师教的是单词、语法，而不是实际应用。当然，现在英语教学已经发生了很大的变化，学生的英语表达能力与过去相比，已经有了巨大的进步。

其实，我们在用中文表达的时候，无须考虑哪个是主语，哪个是谓语，哪个是宾语，那些能够流利地使用英语的人在说英语时，也不需要考虑主语、宾语和时态。假如你在开口说英文之前，还在考虑如何把你想说的翻译成英语，还要检查一下语法，思考是用一般现在时、现在进行时，还是将来时，那么，你是无法用英语与人交流的。这种用"逻辑我"学习英语的状态就是我们一直学不好英语的罪魁祸首。

通过"实践我"模拟场景

我们不可能在学习所有知识时，都能很好地找到某些真实的场景进行练习。那么，遇到这种情况，我们如何运用"实践我"进行学习？

篮球巨星乔丹上中学时，有一次在比赛中做了一个完美的扣篮动作，惊艳全场。赛后，有人问他："以前也没怎么看你练过扣篮，怎么做得那么好呢？"乔丹说："虽然我没怎么练过，可是我每天都在心里想着扣篮的所有动作，甚至每个细节我都能想到，我就这样在心里一遍一遍地练着，所以在球场上才会表现得很好。"人们更吃惊的是，难道在心里也可以练篮球吗？其实，乔丹所做的，印证了著名的"心理意象"实验。行动前进行头脑热身，构思要做之事的每个细节，梳理心路，要比单纯的行动效率高得多。

很多事情就算我们无法找到合适的场景进行学习，也可以通过"实践我"大量地模拟场景训练，来达到良好的学习效果。在如何回应情绪的学习中，会有大量的场景模拟练习，帮助大家获得更好的学习效果。

我9岁的时候进入专业舞蹈学校学习。当我做一个舞蹈动作总是做不好的时候，我需要停下来，在大脑中不断地演练正确动作，再去练习这个动作，就会发现进步很大。

想要用新的知识改变你自己，你需要用"实践我"在脑海中大量地模拟场景。

"实践我"的两个维度

"实践我"由两个维度组成：

其一，在大脑中通过"实践我"的形式想象一个场景，接着在想象的场景中进行练习；

其二，真实地通过"实践我"去做一些事情。

你在大脑中想象出一个场景跟外国人进行对话；
当你真的遇到一个外国人时，你去跟他对话。

你想象自己弹一首钢琴曲的状态；
你真的坐在钢琴旁边弹琴的状态。

你想象自己开车从家里到公司的状态；
你真的开车从家里到公司的状态。

这两种形式都是"实践我"的学习方法，无论你用哪一种都可以，但不能让知识在你的大脑中只是一种理论。知识需要穿插在你的生活中，你需要把知识用起来。

"逻辑我"与"实践我"需要并驾齐驱

你在使用"实践我"的时候，不能完全摒弃"逻辑我"，就好像王阳明说的"知行合一"，你知道怎么弹好钢琴是"知"，而你自己身体力行能把钢琴弹好就是"行"，这两者是无法分开的。并不是你先想好了怎么去弹，懂得了怎么去弹，再去弹，而是在弹的一瞬间，"知"和"行"同时发生了。或者说，钢琴家演奏出来的曲子，就是这首曲子在他心里的样子。正如王阳明所说："知之真切笃实处，即是行；行之明觉精察处，即是知。知行工夫，本不可离。"

很多人问我，为什么"我学了那么多情感知识，感情生活还是一团糟"？如果我把这句话诠释一下，你就会觉得很可笑。

你已经看了王羲之的《兰亭序》，为什么还是写不好书法呢？

你已经听过了郎朗弹奏的《土耳其进行曲》，为什么你还是弹不好钢琴呢？

你已经看到了乔布斯设计的手机，为什么你设计不出来？

你会说，这些问题还用问吗？但它其实与"我学了那么多情感知识，感情生活还是一团糟"是一回事。"逻辑我"与"实践我"只有并驾齐驱，你学习的情感知识，才会使你的生活发生积极的改变。

如何用"实践我"学习情感理论

学习情感理论，与我们学英文、学钢琴、学书法、学篮球是一样的。

第一步：用"逻辑我"进行理论学习。

第二步：用"实践我"场景模拟的形式进行学习。

什么是场景模拟呢？针对本书的每一个知识点，我都会给你模拟几个真实场景。比如对方在工作中受挫，心情十分低落，你应该怎样回应他的情绪，让他觉得你能理解他；比如你的同事帮你解决了一个很棘手的问题，你除了说谢谢，还应该说些什么；等等。

第三步：用"实践我"在真实场景下演练。

有人会说"这话我可说不出口，我平时说话不是这种风格"。这就是让你想想，你觉得没问题，让你真的付诸行动去改变，你就会觉得特别难。那应该如何进行具体的练习？没关系，本书为你准备了"目标拆解法"，通过这个方法，你会发现所有的知识其实都很简单，只是你不知道如何开始而已。

目录

01 为什么事情做了很多,却没人念你的好

为什么所有事情都做了,却没有人领你的情 /003
为什么我对他很好,我们的关系依然很糟 /004
为什么妈妈任劳任怨,孩子却不念她的好 /005
为什么我对员工尽心尽力,员工还是选择离职 /005

有时100个行动不如一句"高情绪价值"的话 /009
为他做了那么多他却无动于衷,几句话就变了 /009
为情绪提供价值,让对方产生一种精神上的愉悦感 /012
高情绪价值的3个方向 /014

为什么会产生低情绪价值　/015

不在"高情绪价值"的环境中长大　/015

条件反射地做出低情绪价值的行为　/016

提供高情绪价值是一种讨好的行为吗　/018

你的行为是复制粘贴　/019

不善表达，不知道应该怎样传递高情绪价值　/019

提高情绪价值从走出赞美误区开始　/021

赞美别人时感觉是在贬低自己　/021

看不见别人的优点，只为凸显自己　/022

▶ 情绪价值测试 ◀　/025

02 为什么你总被别人的坏情绪伤害

让情绪从负面转向正面　/037

扭转情绪的方向　/041

负面情绪转化公式：认同情绪 + 换角度提问 + 对比式肯定　/043

对方生气了，两种办法巧妙化解　/047

对方因为某事生气向你诉说，你应该如何回应　/048

对方因为你生气，你怎么回应　/053

对方怒气冲冲怎么办？"愤怒疗法"七步解决　/056

心中有恨时你的生活会变成什么样　/056

目录

愤怒疗法帮助你走出负面情绪　　/059

不怕热战怕冷战，拒绝沟通怎么办　　/067
对方不是拒绝沟通而是怕吵架　　/068
对方不是拒绝沟通而是想静静　　/076
对方不是拒绝沟通，而是看不到你的诚意　　/079

对方当众不给你面子怎么办？巧妙转移话题　　/081
女朋友让你在众人面前没面子怎么办　　/081
职场上有人让你下不了台怎么办　　/084
老公让你当众下不了台怎么办　　/086
对方因某事产生恐惧怎么办　　/088

负面情绪应对工具表　　/090

▲ 负面情绪应对练习 ▲　　/092

03　为什么你总是把高兴变扫兴

对方向你表达自豪的事情时，万能公式巧妙回应　　/103
他分享自豪的事情，你却完全不知道怎样回应　　/103
跟闺蜜炫耀时，她无动于衷　　/105
对方跟你分享自豪事件的万能回应公式　　/106

III

你需要表达爱，更要懂得回应爱 /111

没有回应的爱，是不会长久的 /112

我没有变，只是你不需要我表达爱 /115

引导对方把爱说出来 /117

别把高兴变扫兴，你要学会放大高兴 /121

高兴还是扫兴，如何回应是关键 /121

他做了让你高兴的事，你应该如何回应 /124

对方跟你分享他的兴趣爱好，你要这样回应 /127

为什么共同话题越来越少 /127

感情的经营，有时只需多说一句话 /128

"不走心"地夸几句，就能让对方开心半天 /129

积极情绪应对工具表 /131

▶ 积极情绪练习 ◀ /135

04 为什么你听到的不是他要表达的

你只是以为自己听懂了 /143

丧偶式婚姻的罪魁祸首——话不投机半句多 /144

关闭第一聆听，你才能真正听懂对方说什么 /145

开启第一聆听等于关闭了双向交流 /146

两个人的"独角戏"让你们不再亲密无间 /148

FFN 倾听模型帮你摆脱两个人的"独角戏"　/150
倾听的 3 个层次，一个都不能少　/150
用 FFN 模型倾听彼此的心声　/152
听懂之后，付诸行动　/153
你回应的不应仅仅是事实，还有对方的需要　/155

共同感受一种情绪，他的情绪你都懂　/158
共情可以让你成为最懂他的人　/159
共情是亲密关系的催化剂　/160

温和处理亲密关系中善意的谎言　/162
继续给他打电话，问他到底什么时候回家　/163
坐在客厅等他，看他究竟什么时候回来　/165
回房间睡觉　/165

▎倾听练习 ▶　/167

05　为什么你想拉近彼此的距离，却总是适得其反

这个公式可以快速拉近你们的关系　/173
为什么你想拉近与对方的距离，却事与愿违　/173
赞美事件要比赞美人更真诚　/174
FFC 赞美法帮你快速拉近与同事的关系　/176
在暧昧关系中通过赞美拉近彼此的距离　/177

情绪流动决定亲密关系的质量 /179
情绪流动产生良性互动 /179
情绪停滞会使交流陷入恶性循环 /181
情绪是如何流动起来的 /183
让情绪这样流动,你会成为别人离不开的人 /185
情绪流动公式 /186

双面胶赞美法:比任何吵架方式都有效 /189
双面胶赞美法:认同/赞美+建议/希望 /190
男友迟到了,你想破口大骂怎么办 /191
不喜欢他送的礼物,想吵架怎么办 /192

富兰克林效应:快速让对方对你产生好感 /193
富兰克林效应可以快速拉近你与对方的距离 /194
刻意讨好不如"请对方帮你个忙" /195
改变对方对你的态度最好的方法是与"蜥蜴脑"对话 /196
投其所好,从对方的诉求出发 /197
用好"求助",激发对方的责任感 /200

◢ 赞美练习 ▶ /203

附录:参考答案 /208

01
为什么事情做了很多，
却没人念你的好

为什么所有事情都做了，却没有人领你的情

经常有人问我：

为什么我对伴侣挺好的，我们的关系还是很糟糕？

为什么我对朋友挺好的，却没有知心的朋友？

为什么我对员工挺好的，他们却还是要离职？

为什么我在公司里，大家需要帮忙的事情都找我，但是好事却从来没人想着我？

你是不是也曾在生活中遇到过类似的情况，想要解决却无从下手？人是具有社会属性的群居动物，我们渴望更多人爱我们，于是我们会为别人做很多事情，可到头来发现，事情做了很多，领情的人寥寥无几。这究竟是为什么呢？

为什么我对他很好，我们的关系依然很糟

芳芳的老公有一天早上起床说肚子疼，芳芳就说："你怎么每天起床上班不是这里疼就是那里疼的，周末出去打牌的时候怎么没见你哪里疼？"

接着，她没有管她老公，自己去上班了。

到了中午，芳芳想来想去还是觉得有点儿不放心，于是利用自己午休的时间，饭都顾不上吃，就急匆匆地赶去医院排队挂号，终于把专家号挂上了。

然后，芳芳给老公打电话说："我给你挂了个专家号，你爱去不去。"

她老公说："你就不能好好说话吗？"

其实芳芳心是好的，她自己生病了，也许不会非要去排队挂专家号。但如果是老公不舒服了，她是一定会去排队挂专家号的。

我们可以看出芳芳很爱她的老公，但就是因为不会说话，反而让她老公觉得，芳芳不关心他。

芳芳觉得说那些漂亮话有什么用，夫妻在一起最重要的是你能为对方做什么。这样的理念让芳芳和老公的关系越来越糟糕。其实换一种"高情绪价值"的沟通方式，我相信芳芳和她老公一定会幸福很多。

为什么妈妈任劳任怨，孩子却不念她的好

妈妈任劳任怨，把所有的事情都做了，孩子却不领她的情、念她的好。

我记得有一次我妹妹想带我妈妈出去洗澡，那个洗浴中心挺高级的，我妹妹也是想着妈妈平时照顾家里辛苦，带她出去享受一下。

妹妹："走啊，我带你去××洗澡啊？"

妈妈："你是不是挣几个钱，不知道怎么嘚瑟好了？"

我妹妹当时特别伤心，眼睛红红的，生生把眼泪憋回去了。转身跟我说："咱俩去。"

其实我们都知道妈妈是舍不得花钱，但她的这句话真的很伤人。我听过一句话："没有智慧的爱，是一种伤害。"在那一刻，我觉得这句话特别有道理。其实这样的事情不仅发生在生活中，在职场中也不例外。

为什么我对员工尽心尽力，员工还是选择离职

Amy个人能力非常强，对员工要求也很高。她带员工总是尽心尽力，手把手地教。不过她有个毛病，就是员工不出成绩，

她会真的骂员工。

记得有一次，我刚进公司大门，就看到一个编辑掩面哭泣，跑了出去。我正纳闷怎么回事，抬头就看到 Amy 怒气冲冲地跑过来说："这个文案你今天改不完，明天就不用来了。"

我还是比较了解 Amy 的，她是恨铁不成钢，巴不得公司每个人都跟她一样，像个女超人，无所不能。但她的直脾气让她在职场上很难走远。为了帮助 Amy 解决问题，我了解了一下具体情况。

Amy："这个文案，我说了多少次，最后的地方你需要给用户动力，他才会想添加你的二维码。你告诉我，这个动力你给了吗？"

编辑无声地摇了摇头。

Amy："你还好意思摇头，这件事情我说了多少次了！上周我刚陪你改文案到晚上 9 点，你忘了吗？问题不是一样的吗？"

编辑：……

Amy："你还能不能长点脑子？！我说你两句，你怎么还哭上了。我告诉你，这个文案你今天改不完，明天就不用来了。"

了解完情况，我去找了 Amy，跟她说："你先别生气，现在的小孩子不好管。他们根本不懂得初入职场遇到你这样肯事事亲力亲为教的领导有多么可遇不可求。你别跟他们计较。"

我在处理任何事情之前，都会先解决情绪问题，让对方在情绪相对愉悦的状态下去解决问题，这样解决起来也会更加顺畅。

> 我："不过，你这种沟通方式真的要调整哦。要么公司的小朋友都被你吓跑啦。"
>
> Amy 抬眼看了看我："你倒是赶紧说啊，卖什么关子。"
>
> 我："你到屏风后面，待着别出声，我给你做个示范。"
>
> Amy："哼……"

接着我把刚才的编辑叫到我的办公室。

> 我："你看了这个文案想添加顾问的二维码？"
>
> 编辑："还好吧。"
>
> 我："还好吧，是什么意思？"
>
> 编辑："可能不太想加。"
>
> 我："是不是觉得没有给用户添加的动力？"
>
> 编辑："是的。"
>
> 我："那你觉得应该怎样给用户动力，他才愿意添加顾问呢？"
>
> 编辑："这样改可以有动力吗？……"

我："还有呢？"

　　编辑："……"

　　我："很好，你是怎么想到这个的？"

　　编辑："……"

　　我："你可真是太优秀了，就按照你跟我说的这个方法，把文案改好，然后发给我看一下。"

同样是让编辑改文案，Amy是直接指出问题，并告诉编辑你有问题，而我用"高情绪价值"传递的沟通方式让编辑看到自己的问题。

在这段对话中，我还使用了正向的情绪引导："很好，你是怎么想到这个的""你可真是太优秀了"，这样的语句可以让编辑觉得自己其实挺优秀的。

当编辑有这种意识之后，她一定会尽心尽力地去修改这个文案，绝对不会敷衍了事。

在与员工交流的过程中，你要让员工在工作中找到"存在感"和"成就感"。如果你只是一味地用负面情绪去批评员工，只会让员工觉得他不太适合这份工作。

现代社会，员工已经不会仅仅因为钱而留在公司了。他们需要精神上的满足，更希望看到自己在公司的价值。而这种价值，除了实际的工作成绩之外，还需要上司通过情绪的传递，让他感受到他为公司所做的贡献每个人都看得到。

有时100个行动不如一句"高情绪价值"的话

常言道:"说得好不如做得好。"很多人也是在这种理念教育下长大的。无论在职场上还是生活中,大多数人总觉得说什么不重要,重要的是怎么做。可实际生活中有时并非如此,有时候你做得再多,可能都不敌一句话有效。

为他做了那么多他却无动于衷,几句话就变了

我的学生扬扬一直很苦恼于一个问题:无论她对男朋友多么好,男朋友都对她非常一般。

扬扬很不理解:明明我对他非常好,做饭洗衣,随叫随到，能做的努力我都做了，但我过生日，他连一个像样的礼物都没送过，为什么他还是不愿意把我放在他心里？

有一次扬扬出差，男朋友给她发了一条当地的天气预报。扬扬赶紧问我要怎么回复？

我问她："你平时怎么回复？"

扬扬："谢谢。"

我："这就没啦？"

扬扬："不然还能说什么？"

我说你要这样回："刚才我把你发的天气预报发到我们的工作群，有两个小姐妹特别感谢你，要不是你发来天气预报，我们都不知道这几天要下雨。得多带点衣服，准备一把伞，要不非冻感冒不可。"

扬扬："这样合适吗？他就顺手发个天气预报，我至于这样说吗？"

我："你知道为什么你给人家洗衣服做饭，随叫随到，对方都对你不怎么样吗？"

扬扬："不知道啊。"

我："就是因为你的情绪价值低，对方跟你在一起一点也不开心，你对他再好也没有用。你赶快发吧。"

20分钟后发生了让扬扬意想不到的事。

扬扬："这也太神奇了。我发过去没多久，他就给我发了我出差城市的美食攻略。我把美食攻略发到我们工作组，小姐妹都跳出来说，这是什么神仙男朋友啊，太让人羡慕了。接着我就把这个截图发给我男朋友，你猜怎么着，他给我转了一个红包，让我明天到地方请她们吃饭。太神奇了，我给他洗衣服做饭，他发烧的时候我寸步不离地守着他，他都没给我发红包，我给他发一个截图，他就给我发了红包，我之前可从来没有收到过他的红包。这到底是为什么啊？"

原因1：你男朋友很可能真的只是随手给你发的一个天气预报，没想到这个天气预报还收获了一系列的好评，让他多少有点受之有愧。

原因2：心理学上有一个认知平衡的概念，即你越说我好，我越会为了配得上这个"好"付出更多的努力，于是形成了一个正向循环。

原因3：情绪是流动的，他给你发了一个天气预报，如果你只回复一个"谢谢"，那这个情绪到这里就停滞了。而你的回复是"刚才我把你发的天气预报发到我们的工作群，有两个小姐妹特别感谢你，要不是你发来天气预报，我们都不知道这几天要下雨。得多带点衣服，准备一把伞，要不非冻感冒不可"，感觉到了吗？情绪流动起来了。之后他给你发了美食攻略，你又把群里的截图发给他，他会觉得自己做的这些事情特别对，因为有人赞美了他的这种行为。紧接着他给你发了红包,你又对他表达了感谢。在你们一来一往的过程中,正向情绪流动起来了。情绪在流动的过程中能量会翻倍。

你以为不求回报的付出是伟大的,但实际上这只能感动你自己。有时候你做了100件事,不如说一句"高情绪价值"的话好用。

为情绪提供价值,让对方产生一种精神上的愉悦感

情绪是对一系列主观认知经验的统称,是多种感觉、思想和行为综合产生的心理和生理状态,比如喜、怒、哀、乐、爱等,也有一些更加细腻的情绪,比如嫉妒、兴奋、自豪、羞愧、内疚等。

在亲密关系中关于情绪的技巧有很多,比如情绪价值、情绪管理、情绪能量、情绪回应等。

■ **何为情绪价值**

情绪价值,顾名思义,为情绪提供价值,促使他人精神上产生愉悦感、舒适感、放松感。情绪价值在《怪诞行为学》中主要是指在人际交往中,拿捏对方情绪,让对方情绪起伏的能力。

既然是价值,一定有低的价值,也有高的价值。一个人越能够给周围的人带来舒服、愉悦、稳定的情绪，他的情绪价值就会越高。反之，一个人总让其他人产生别扭、生气和难堪的情绪，他的情绪价值就越低。比如一个幽默的人，总是能把周围的人逗得很开心，让人感觉很有趣，这就是在给周围人提供高情绪价值。所以，简单来说，情绪价值就是一个人影响他人情绪的能力。高情绪价值是使人精神愉悦的，低情绪价值是使人难过的。**赞美是最简单的产生高情绪价值的方式，一味地批评、指责是最简单的产生低情绪价值的方式。**

■ 情绪价值的适用场景

在以下场景，我们会用到情绪价值。比如：

当对方做了让你高兴的事情时；

当对方帮你做一件事情的时候；

当对方做错了事的时候；

当对方遇到了不愉快的事情，向你倾诉的时候；

当对方遇到了愉快的事情并分享给你时；

当对方觉得自己遇到挫折的时候；

当对方无助的时候；

当对方想你的时候。

情绪价值的体现有很多种方式，不同的场景有不同的使用方法。

高情绪价值的 3 个方向

■ 理解和懂得

对方做了任何事情,你都能够理解他,都能够懂他做这件事情背后的含义。就算大家都说他不好,你也知道他的苦衷是什么;就算大家都说他好,你也知道他为此付出了什么。

■ 愉悦的情绪会被你放大

当你的丈夫在事业上取得进展的时候,他和别人分享,感受到的愉悦程度可能是"1+1=2",但是与你分享时,感受到的愉悦程度是"1+1=10"。愉悦的情绪被放大了,因而他就会更愿意与你分享。

■ 难过、低落等负面情绪会得到缓解

当你的丈夫遇到困难和挫折的时候,他第一时间想到的就是你,想对你倾诉,想让你帮他出主意。他在别人那里得到的是不痛不痒的安慰,而向你倾诉以后,他的情绪马上好转,甚至可能马上振作起来,充满斗志。

准确把握高情绪价值的方向,你更能为别人传递高情绪价值。

为什么会产生低情绪价值

为什么我们会产生低情绪价值？因为天生不善表达，或受环境的影响，等等。当找到原因解决问题之后，我们再转换为高情绪价值的沟通方式或者高情绪价值的回应方式。提供高情绪价值有很多种方式，其中赞美是最简单的方式，但有很多人连赞美都做不到。

不在"高情绪价值"的环境中长大

第一，很多人不善于、不喜欢使用高情绪价值方式，就连对表达最简单的赞美也是非常吝啬的，更别说传递高情绪价值了。

第二，在成长过程中，有些人习惯了父母、长辈一味地批评、指责这种低情绪价值的给予，因而也不会传递高情绪价值。

比如，小时候你考了80分，妈妈不仅不鼓励你，反而说："每天就知道玩，不然就能考100分了。"好不容易考到了100分，你得到的却是"嗯，还不错，继续努力"。你做得好是应该的，做得不好就要被骂甚至被打。如果有一天妈妈表扬了你，你还会觉得奇怪，这是怎么回事？

我们没有被给予过高情绪价值，自然也不懂得如何给予别人高情绪价值。

条件反射地做出低情绪价值的行为

有一天，鑫鑫的老公回家跟她说，他弄丢了一个500万元的单子，可能会被公司开除。鑫鑫听了之后，火冒三丈，指责他这么重要的单子怎么说丢就丢了，还能不能找回来，又说孩子下周要缴学费了，这可怎么办啊？

接下来鑫鑫像个复读机一样，拼命指责老公。

其实，鑫鑫老公把这个单子弄丢，心里已经很难过了，回家跟鑫鑫说，是想获得鑫鑫的安慰。但没想到鑫鑫这样说他，于是他在心里默默发誓，以后什么事情都不跟鑫鑫说了。

鑫鑫条件反射地做出低情绪价值的传递，根本没有想过这件事其实还有其他处理方法。

这时候一定有人会问，他都丢了500万元的单子，难道我还要夸他不成？！对，你就是要夸他，就是要让他更加有信心地出去奋斗，你们的家才能越来越好。你都不相信你老公一定行，那还有谁会相信他？谁都不会相信他能成功，他为什么要努力？

那么，怎么夸他可以让他有亏欠你的感觉，有更加想要奋斗的心，才是最重要的。基于这个理念，应该怎么夸他呢？你可以这样说：

> 哇，老公你太厉害了，你都能拿到500万元的单子啦。这次虽然有点可惜，不过你有了这样的能力，我相信以后你会拿到更多500万元的单子的，加油！

这样说有什么好处呢？

1. 老公本来以为你多少会有一点指责他的意思，但是你一点都没有指责的意思，还夸了他，给予他自信，他在心里一定会感激你。

2. 你把问题聚焦在获得500万元单子的能力上，会让老公以后更有自信，努力去获得其他500万元的单子。

3. 即便以后老公成功了，也会感谢你在他还没有变得强大之前，在他身边不断地鼓励他。

4. 男人渴望获得成就感，获得成功。如果他情绪低落，有可能会一蹶不振，破罐子破摔，从此不想再努力。

如果你可以始终把他的情绪引导在向上拼搏的状态中，他就会持续努力。

有人可能会说，如果需要借助别人的力量才能发光发热，那也维持不了多久。但如果他在你面前表现出沮丧、低落、委屈等负面情绪，你还要去指责他、批评他，那他以后还会再跟你说这些吗？

与其总是抱怨老公什么都不跟自己说，不如思考一下他跟你说这些的时候，你是怎么回应的。

提供高情绪价值是一种讨好的行为吗

提供高情绪价值是愉悦双方的一种方式，而不是讨好的行为。在传统价值观里，女性要矜持贤惠、勤俭持家；在现代文化里，女性要独立自主，决不能依靠男人，连最简单的赞美、撒娇、示弱这些高情绪价值表现方式，有时也会被认为是在讨好男人。

为什么夫妻处久了，爱情往往会转化为亲情，年少时的爱意浓浓维持不了多久？为什么一个女人要求丈夫买玫瑰，却被对方说教"那些都是小女孩追求的,你也不看看自己多大了"?

低情绪价值在这些现象中扮演着重要角色。

你的行为是复制粘贴

你第一次看到的异性之间的交流往往是你父母之间的交流。有的夫妻的交流模式是争吵、指责、批评,好像说句好听的话,夸一夸对方,自己会受很大损失一样。如果你在这样的原生家庭中长大,当你交了男朋友或者女朋友,相处一段时间之后你们就开始争吵,你对这种争吵厌恶至极,却没有很好的改善方法。你的潜意识会认为异性之间的交流本应该如此,这就是你会本能地为他人提供低情绪价值的原因。

当你想要改变的时候,你需要转换思维模式。这种高情绪价值的思维模式,从来没有人教过你,你也不知道应该怎样应用。所以你经常为他人提供低情绪价值,而你自己还很疑惑,为什么追我的人3天就没什么兴致了?为什么我老公有什么话都不跟我说?

不善表达,不知道应该怎样传递高情绪价值

芊芊的父亲得了重病住院。芊芊从小与父亲相依为命。父亲一倒下,芊芊整个人都慌了,不知道应该

怎么办才好。下午的时候,芊芊的男朋友子健给她打电话,才知道她父亲住院了。子健火速赶往医院,看到六神无主的芊芊,心疼极了,一边拍拍芊芊的肩膀,一边跟她说"你还有我"。接着,子健帮芊芊联系医生,跟医生一起商讨手术方案,甚至在深夜查各种资料。芊芊内心其实特别感谢子健,但除了一句"谢谢",她就真的不会说什么了。

有句话叫"一切尽在不言中",但是你不说,谁又能知道呢?很多话其实不仅是对方想听到,你说出来自己也会舒服很多。

我对她说:"你男朋友为你做了这么多,别的不会说,你最起码夸夸他呀?"

芊芊:"我怎么夸?我总不能说'你对我太好了吧',都在一起这么多年了,这样的话显得多假啊?"

芊芊的这种感觉,我相信很多人都会有。为什么这么简单的赞美我们常常说不出口?要想提高我们的情绪价值,首先要从赞美开始。

提高情绪价值从走出赞美误区开始

赞美是最简单的提供高情绪价值的方式,但即便很简单,仍然有很多人说不出口。因为他们在内心深处根本就不愿意赞美别人。只有找到自己不愿意赞美别人的真正原因,并加以改正,赞美的话才能脱口而出。否则你就会发现你的赞美非常假,别人听起来也非常别扭。

赞美别人时感觉是在贬低自己

当对方的身份、地位、资历还不如自己的时候,有的人会片面地觉得,赞美对方似乎是一种示弱,是承认自己不如别人。

实际上，赞美别人是你修养的体现。

苏东坡和佛印论禅，苏东坡对佛印说："以大师慧眼看来，吾乃何物？"佛印说："贫僧眼中，施主乃我佛如来金身。"听佛印说自己是佛，苏东坡自然很高兴。可他见佛印胖胖堆堆，忍不住想打趣他一下，笑曰："然以吾观之，大师乃牛屎一堆。"苏东坡回家得意扬扬地跟妹妹说，他跟佛印论禅"赢了"。而他的妹妹却说："你输得彻彻底底，因为你心中是屎，所以你看什么都是屎。佛印心中有佛，所以他看万物都是佛。"

我们需要有一双发现别人优点的眼睛，其实很多人都是有优点的。我们也无须担心赞美他人就会贬低自己，其实赞美他人，反而提高了我们自身的价值。

看不见别人的优点，只为凸显自己

赞美听起来很假是不会夸人的表现之一。实际上，从某种角度而言，不是赞美假，而是我们从内心深处觉得对方不好，所以说不出真诚的赞美。当我们出现错误的时候，大家的批评往往更趋于真诚，会指出很多具体问题，不会浮于表面。反倒是真诚的赞美，我们从小到大仿佛很少听到。如果我们没有赞美的环境，就连对别人身上明显的优点，我们好像也进化出自动屏蔽的功能，完全看不到，就更别提懂得如何真诚地赞美别人了。

我们总是带着一双发现问题的眼睛看待别人，总是能第一时间发现别人的缺点，而快速忽略别人的优点。

因此，有的时候就算我们想去赞美对方，都不知道对方有什么值得赞美的。实际上，不是他人没优点，而是我们没有一双发现他人优点的眼睛。

为什么我们不容易发现他人的好，不愿意赞美他人？因为我们的潜意识里有个简单的二元逻辑：好只能有一个。如果我把好给了你，我就不能好了；如果我承认你好，就意味着我不好。

我们潜意识里无法确认自己是好的，所以一定要通过跟他人比较才能感受到自己是好的。我们有着婴儿一样的幻想：只要我不说你好，你就不是真的好；只要我不去发现你的好，你就不是真的好。并且，我还要发现你的不好，并大方地告诉你，责怪你。

表面上看起来，你是真的不好。长得不够漂亮，脑子不够聪明，着装不够得体，工作不够出色，学识不够丰富，态度不够认真，性格不够好……但是潜意识里，我们为什么要发现这些不好，而不愿意先发现好呢？为什么我们愿意表达这些不好，而不愿意表达好呢？因为我们要赋予自己这样的资格：我有资格评判你。当我在评判你的时候，我能获得一点优越感。我找出我比你好的地方来表达，我就能在这个时刻感受到我比你好。我不会在我比你差的领域里评判你，我只会在我比你好的方面评判你。借助发现你的不好，可以显示出我的好。

所以我们责怪一个人不好，究其心理根源只是我们为了凸显自己。在潜意识中，关注自己比关注别人重要多了。

◢ 情绪价值测试 ◣

本测试题主要用于测试个人情绪价值。在选择答案的时候，请按照本人日常生活中的真实做法或者在当前场景中最有可能做出的行为进行选择，以便更好地测试自己提供情绪价值的能力。切记不是选择自己感觉的最佳答案。

注意：选择 A 是 10 分，选择 B 是 9 分，选择 C 是 8 分，选择 D 是 7 分，选择 E 是 6 分，请根据自己的选项计算总分。

单项选择题

1. 周五晚上本来约好两个人出去吃饭，但你在下班前 1 小时接到男朋友电话，他告诉你突然要加班，这个时候你的做法是：
   A. 很不高兴，当男朋友解释的时候你越听越生气，并且最后在电话里和他吵起来。
   B. 很不高兴，当男朋友解释清楚以后，你闷闷不乐地答应了，但是心情很不好。
   C. 不是很开心，但是在男朋友解释以后，顺势提出自己的其他要求让男朋友答应。
   D. 能够理解，虽然有点不开心，但是你认为出现这样的情况很正常，等周末再见面一样。
   E. 能够理解，虽然有点不开心，但是很体贴地让他以工作为重，想着反正你忙你的，我也忙我的，接着找闺蜜出去吃饭，或者是自己找喜欢的事情做。

2. 周末两个人在家，老公在打游戏，你在打扫卫生，这个时候你觉得自己一个人打扫不开心，想让他帮你分担家务，一般你的做法是：

A. 你能不能别玩游戏，帮我干点活儿？每次都是我一个人干，你像大爷一样在一边看着。

B. 亲爱的，你能不能帮我拖个地呀？等会儿再玩游戏呗。

C. 你看看我这么辛苦地干活儿，你帮我分担一点呗，你是打扫卫生间呢还是拖地呢？

D. 亲爱的，你能不能帮我一起干点家务呀？这样更快一点，做完家务我们一起出去吃饭。

E. 哎呀，亲爱的，你看我这么努力地打扫，你能不能帮帮我嘛？家里太乱了，没有你帮我，我都不知道干到什么时候呢。

3. 你过生日，男朋友送了一束花到你的公司，你怎么赞美他？

A. 虽然心里很开心，但是又只有花，本来还期待有其他礼物呢。你问他："收到了你送的花了，很开心，是不是还有其他惊喜呀？"

B. 虽然心里很开心，但是嘴上说："太高调了，他们都说我了。"

C. "谢谢亲爱的送我的花，我好开心。"

D. "亲爱的，收到你的花我简直太感动了，他们都羡慕死了。"

E. "今天我要批评你一下了。你知道吗？你送那么一大束花到公司，我现在在整个公司都出名了，一个下午他们都在问我，是怎么找到这么爱我的男朋友的，让我给他们传授经验。"

4. 男朋友长相一般，你长得比较漂亮，当你们参加你的同学聚会时，你的追求者阴阳怪气地对你说："我就纳闷，我们大美女原来那么挑剔，没想到最后眼光很特别呀。"这个时候你男朋友比较尴尬，你会怎么应对呢？

A. 觉得男朋友确实长得一般，丢面子，不怎么说话，转移话题圆场。

B. 直接怼回去："关你什么事。"

C. "我觉得人品好最重要，我就喜欢他人品好，对我也好。"

D. "那是你看人只看表面，不知道他的好，我自己知道就好了。"

E. "我也挺纳闷，当初我男朋友怎么看上我的，他这么优秀一个人，和我在一起对我还这么好，我确实挺幸运的。"

5. 当你发现老公和其他异性单独在高档餐厅吃饭，这个时候你会：

A. 直接进去，问他这个女人是谁，为什么他们会在一起吃饭。

B. 当即打电话，很生气地质问老公："你在干吗？和谁在一起？我看到你在那个餐厅了。"

C. 直接推门进去，然后故意让老公看到自己，但不会走过去质问他。

D. 回家以后跟他算账："你今天跟谁一起吃饭了？有人看见你们单独吃饭了，你老实交代。"

E. 回家以后问他："你今天是不是做什么坏事了？"

6. 你和同事因为各自岗位不同，所以各有自己的坚持，导致两个人在开会的时候发生了一些小的争辩。会议结束后，公司安排中午吃自助餐，这时候你和他在餐厅门口相遇，你会怎么做？

    A. 对视一眼，故意发出哼声或者是故意和身边的其他人指桑骂槐地说闲话。

    B. 装作看不见，躲得远远的。

    C. 看对方的反应，对方要是主动说话就说话，对方要是不搭理自己也不搭理。

    D. 主动上前，若无其事地交流些无关紧要的话。

    E. 主动搭话，并且热情地邀请对方和自己一起吃饭，吃饭的过程中酌情表达自己当时和他发生矛盾的原因，希望他理解。

7. 一个和你关系一般的同事穿了一身很好看的衣服，还戴了一些首饰，中午快下班的时候她主动去你们办公室聊天，你们办公室里有3个人，这个时候你会怎么做？

   A. 在她搭话的时候你忙自己的工作，不搭理她，反正有别人和她聊天。

   B. 当她和你们聊天的时候你看她聊什么，然后回答什么，并不夸赞她。

   C. 当她主动和你说话的时候你再回应她，并且随口夸奖她今天打扮得真漂亮。

   D. 当她进来以后主动夸奖她，比如说："今天你这身打扮好美呀，是准备和谁约会去呀？"

   E. 见到她的时候直接赞美："这件衣服你穿起来好美呀，在哪里买的呀？显得你身材真好，配的项链也好看。你打扮这么漂亮，准备迷死谁去呀？"

8. 本来说好今天带孩子去游乐场玩，结果老公出差了，你今天又有一个很重要的会议要开，没办法兑现这个承诺。当你跟孩子说这件事情后，孩子非常不开心，开始哭闹，你会怎么做？

   A. 直接说："你这孩子怎么这么不懂事，妈妈有工作要忙，改天我再带你去。"如果孩子还是不愿意的话，就直接"武力"镇压或者不理他。

B. 在他不停地哭闹下，让爷爷奶奶或者其他人带他去，你忙自己的工作。

C. 自己安排时间，然后尽可能地找其他人代替自己，实在不行，即使晚一些，也要陪他去游乐场。

D. 给他讲道理，让他知道妈妈的辛苦，用其他方式补偿他。"妈妈要赚钱给你买东西，买好吃的。今天妈妈确实没时间，我今天买个玩具给你，好不好，我们就不去了。"

E. 给他讲道理，希望他能够理解妈妈的辛苦，然后跟他道歉，并且给出两个选择方案，要不下周和爸爸一起去，要不买个礼物补偿他，让他自己选。接着给他找一件事情做，比如自己摆一个模型之类的，让他今天有事可干。

多项选择题

以下选项中，如果符合你对自己的形容，请加 1 分，如果你感觉非常贴切，请加 2 分。

注意：比如你感觉自己有时候比较任性加 1 分，你感觉自己确实很任性加 2 分；感觉自己比较敏感加 1 分，感觉自己特别敏感加 2 分。本题总分 70 分，你的得分可能是 1 分，也可能是 70 分，但并不意味着结果就是不可改变的。为了更好地发现自己的问题，让自己变得更加优秀，首先应该对自己有一个客观的认知。请根据自己的情况客观地、不带过多主观情绪地打分。

你觉得下面哪些描述符合你对自己的认知?

1. 任性

2. 心直口快

3. 单纯

4. 一根筋

5. 脾气暴躁

6. 没有耐心

7. 容易生气

8. 敏感

9. 大小姐脾气

10. 藏不住话

11. 容易得罪人,自己却不知道

12. 过于自我

13. 不会变通

14. 执着

15. 倔

16. 固执

17. 黑白分明

18. 不会撒娇

19. 直

20. 女汉子

21. 独立

22. 不愿意麻烦别人

23. 情商低

24. 不会说话

25. 总是感觉自己容易受委屈

26. 总是觉得别人对自己另有居心

27. 喜欢幻想

28. 缺乏女人味

29. 听不进劝

30. 听不懂别人说话的潜在含义

31. 说出来的话容易被人误解

32. 明明没坏心思,但是别人不喜欢自己

33. 懒得说,懒得动

34. 认为自己做一件事情别人都应该理解自己

35. 追求公平

简答题

1. 周末休息,男朋友想在家待着,你想让他陪你去做头发,你会怎么办?

2. 当老公在工作上遇到挫折,被领导责骂了,你通常会怎么安慰他?

3. 你和男生出去旅游,景点必须经过一座玻璃桥才能到达,这时候男生有一些害怕,你一点也不害怕,你会怎么做?当走

完以后你又会说什么?

测试算分

低于 50 分(含 50 分),情绪价值高,说明你在日常生活中很注重情绪价值,请你在以后的生活里更上一层楼。

51~80 分,情绪价值较高,说明你注意到了情绪价值,但有的时候可能把握不好方向,或者有点控制不住自己的情绪,需要再接再厉。

81~120 分,情绪价值一般,说明你无法给别人提供较高的情绪价值,出现问题不知道怎样更好地解决。但我知道你已经努力了,只是有时候方法不对而已。在后面的章节中有详细的指导,希望你可以认真学习。

121~150 分,情绪价值极低,不知不觉就得罪人,不知道怎么处理人际关系。我知道有时候你也不想这样,也知道自己情商低,但是不知道应该怎样提高情绪价值和情商。本书会讲解大量方法,希望你可以认真学习。幸福是一种可以学习的能力,加油!

简答题不计分,属于附加题。

温馨提示:先试着自己做,然后参考附录,修正你的做法。

02
为什么你总被别人的坏情绪伤害

让情绪从负面转向正面

在生活中,每个人都会产生负面情绪。如果处理得好,我们很快可以拨开乌云见青天;如果处理得不好,很可能会产生连锁的负面情绪反应。

早上你与老公因为一些小事吵架,情绪有些不好。出门的时候,因为昨晚下雨,地上有很多积水,此时,刚好有一辆车经过,脏水溅到了你白色的裙子上。今天你的大客户要去公司,需要你做重要提案,你看看时间,由于早上和老公发生了争执,本来就有点晚,这时候回家换衣服肯定来不及,于是你穿着脏裙子坐车去公司。一路上，你都因为脏裙子可能会影响你的提案效果而心情不好。到了公司，你发现客户已经来了，没多做准备就直接开始了提案宣讲。你从早上起床直到现在，情绪一直不好，可想而知，你的提案宣讲发挥得一般，最终客户没有通过你的提案。回到家，你看到老公就来气，要不是他早上找不痛快，根本不会有后面的一系列事情，于是跟他大吵一架。你老公也觉得莫名其妙：你的提案没有通过跟我有什么关系？

负面情绪是会累积的。如果说一件事情的负面情绪指数是5分，那么两件事情的负面情绪指数也许会达到20分，而不是10分。也许平时你单独遇上任何一件事都不会让你的情绪很糟糕，但就是这样一连串的事件，把你拉进了负面情绪的旋涡。

负面情绪是可以传染的。当你带着负面情绪时，你会觉得身边所有的事和人都变得很糟糕。当你发现对方有负面情绪的时候，你应该先把这些负面情绪转化为积极情绪，让两人高高兴兴出门，而不是带着一身的负面情绪出门，影响一天的心情。很多时候我们会用吵架的形式来回应对方的负面情绪，尤其是情侣或者夫妻之间，但其实吵架是最伤害两个人感情的。

我们可以自己消化负面情绪，也可以通过对方的回馈进行消化。如果对方可以帮助你消化负面情绪，你会觉得他就是你的知己，或者是世界上最懂你的人。想一想你的好朋友为什么会成为你的好朋友？是不是当你有负面情绪的时候他可以很好地安抚你，当你有值得庆祝的事情时他比你还高兴？他总是可以把你的负面情绪赶跑，把你的正面情绪放大。这种能力就是我们要讲的高情绪价值。高情绪价值不仅仅是让你自己高兴，它可以让你成为世界上最懂对方的人。本质上它可以在你情绪不好的时候，让你的心情变好、情绪变好，当你情绪好的时候，可以把这种情绪放大，并且将它的存在时间延长。

每个人都有情绪不好的时候，每个人也都有想要吐槽和抱怨的时候。在对方跟你抱怨的时候，你是否不知所措？有的人会与对方一起抱怨，有的人会根据对方抱怨的事件给出具体的解决方法。实际上这样应对抱怨和吐槽都是不对的。为什么这样做不对呢？

对话 1

微薇：我们公司又加班，烦死了！

小剑：你们公司老板挺有魄力的，你跟着他好好干，以后会有前途的。

微薇：好好干什么啊，我都要累死了！

小剑：不就是让你加班做个方案吗，至于吗？再说还不是因为你效率低，才会加班！你应该好好提高你的业务能力，而不是抱怨你的公司。

微藏：你到底是谁老公啊，怎么总帮别人说话？

小剑：我这是就事论事，你还讲不讲理。

微藏：还不是因为你没有能耐，你但凡有点能耐，我至于这么辛苦吗？

小剑：怎么又扯到我身上了？

……

接着又展开了一次争吵。

人有负面情绪的时候，容易引发争吵，以此宣泄内心的不满。男人和女人本就存在天然的差异，使得两者之间更容易引发争吵。

在对话1中，女人注重过程，男人注重结果。女人关心情绪有没有得到缓解，男人关心这个问题应该怎样解决。女人本来只想跟男人抱怨一下，缓解一下情绪，但是与男人聊完，情绪更不好了。男人觉得女人无理取闹，而女人觉得男人根本不理解她。这种不理解女人情绪的状态，也是一种低情绪价值的表现。女人觉得你不理解她，慢慢地跟你沟通就会越来越少。夫妻之间沟通越来越少，两个人都有责任，但只要学会了高情绪价值的沟通方式，成为最懂他（她）的那个人，我相信彼此的感情也会越来越好。

有人说，女人吐槽时，你应该跟她一起吐槽，不要帮她解决问题，这样她才会觉得你懂她。真的是一起吐槽就可以吗？

对话 2

> 微薇：我们公司又加班，烦死了！
>
> 小剑：你们公司老板是挺讨厌的，天天加班，就是一个"周扒皮"！
>
> 微薇：我也是这样觉得，天天加班不说，还不给加班费，就知道剥削我们。
>
> 小剑：对呢，前几天我去你们公司接你，都11点了，还都在加班，还要不要生活了。
>
> 微薇：我也觉得，每天除了工作都没有其他时间了。呜——呜——呜，老公我好累啊，我想辞职。

不是说一起吐槽心情就能好吗？为什么微薇跟小剑一起吐槽，心情更不好了呢？刚才只是抱怨加班，现在怎么升级到要辞职了？**因为负面情绪需要转化，吐槽和教育都是没有用的。**

扭转情绪的方向

当我们有负面情绪的时候，整个人都会有丧气的感觉，而且这种情绪一旦出现，会进入一种恶性循环。当你感觉公司加班很烦的时候，你会发现自己在公司开会变得很烦，在公司做本职工作也很烦。这种"烦"刚开始只是在工作中蔓延,慢慢就会蔓延到你生活的方方面面,你会觉得干什么都很烦。所以我们需要把这种负面情绪转化为积极向上的情绪。此处主要探讨当对方跟你抱怨时,你应该如何转化这种负面情绪。

对话 3

> 微薇:我们公司又加班,烦死了!
>
> 小剑:亲爱的,你真的太辛苦了,好可怜啊!不过你们老板是不是特别器重你啊?
>
> 微薇:你怎么看出来的?
>
> 小剑:要不这么重要的工作为什么让你来做啊?
>
> 微薇:好像是哦,每次他需要提案的方案好像都是我来做的。

小剑短短几句话,就让微薇的情绪从负面转向积极。**无论任何人,不管他们跟你说什么,你都可以让他们变得愉悦,你就具有高情绪价值。**

对话 3 跟前两组对话相比,具体好在哪里?

1. 让微薇感觉小剑是心疼她的,并能理解她有多辛苦。

2. 微薇自己可能从来都没有思考过为什么这项工作会由她来做。小剑的提问,让微薇感受到自己好像真的挺受老板器重的。

3.老板为什么器重你？一定是因为你平时努力又有能力。这样就可以让微薇进入一个良性循环——你努力工作，老板器重你，那么你在公司就会得到更好的发展。

4.这样的提问方式，让微薇从抱怨的负面情绪转换到积极情绪中。

负面情绪转化公式：认同情绪＋换角度提问＋对比式肯定

有人说，像对话3这样的话，自己说不出口，或者换个场景，换个人就不会说了。其实，只要熟练运用负面情绪转化公式，你一定可以做到。

■ 熟练运用负面情绪转化公式

认同情绪：你要认同对方当前的情绪，让对方感觉你是懂他的。

换角度提问：不要让对方沉浸在吐槽的情绪中，任何事情都具有多面性，你要换一个角度进行提问，让对方自己进行思考。你不需要告诉对方什么，只需要换个角度提问，让对方自己在问题中寻找答案。

对比式肯定：任何形式的肯定如果是单独出现，都会显得有点假。所以我们用对比式肯定，在对比中肯定别人的好，也是给这个好一条完整的证据链。这样你的肯定才是有效的。

对话 3 中的话术用负面情绪转化公式分析如下：

认同情绪：亲爱的，你真的太辛苦了，好可怜啊！

换角度提问：不过你们老板是不是特别器重你啊？

对比式肯定：要不这么重要的工作为什么让你来做啊？

■ 用负面情绪转化公式表达有什么好处

假设你的闺蜜对你说："我和男朋友谈不下去了，他天天忙工作，周末天天加班，我俩都没有时间待在一起，我觉得有他和没他没什么区别，我实在受不了了。"

这个场景可能很多女生都非常熟悉，你可能也已经遇到过无数次。通常我们跟闺蜜一起吐槽她的男朋友，同时也一并吐槽自己的男朋友或者老公。然后你们两个人都觉得自己遇到了渣男。这就是我在第一章中讲到的，我们大部分人都只能看到别人身上的缺点，很难看到别人的优点。闺蜜之所以选这个男人当男朋友，一定有她的理由。我相信我们都真诚地希望闺蜜的感情生活幸福。那我们应该怎样转化闺蜜的负面情绪呢？

我们先分析闺蜜这段话想表达什么。

闺蜜想表达的是：我男朋友没有办法陪我，我很伤心。

那么，闺蜜希望得到怎样的情绪回应？

闺蜜来抱怨诉苦，其实是想得到你的安慰、认同，让你帮她找证据证明她男友是爱她的。因为男朋友经常不陪她，她有点怀疑男朋友是不是真的爱她。

根据负面情绪转化公式，分析如下。

认同情绪：嗯，就是，真是太不应该了，他只顾工作，都不陪你。

这样说的好处：

认同对方的感受，让她觉得你和她是一个阵营的，向着她，认同她说的话。

换角度提问：但是呢，亲爱的，你看他是不是因为想给你更好的条件，才这么努力工作？

这样说的好处：

1. 转移她的视角，让她看到男友努力工作也是为了她好。

2. 让她从没有安全感的感受中走出来，发现男友的好，提供男朋友爱她的证据，让她的情绪好转。

3. 男友努力工作，就是爱她的最好证明。

对比式肯定：别人的男朋友哪有你男朋友这么上进呀，我觉得他肯定很爱你。

这样说的好处：

1. 把别人的男朋友和她的男朋友进行对比，凸显她男朋友的上进，让她有自豪感和安全感，提供她男朋友爱她的证据。

2. 后半句是从外人角度告诉她，她男朋友是真的爱她的。

当对方跟我们抱怨生活或者工作上的不如意之后，通常我们会选择跟对方一起抱怨。负面情绪不仅会传染，两种负面情绪碰撞，负面效果还会呈几何倍数增长。本来是一点小事，由于负面情绪的增长，事件就会被放大。像加班时间长，男朋友或者老公陪伴的时间少，这些事情如果处理得好，就不会影响你的生活。如果处理得不好，你整个人就会被负面情绪袭击，被负面情绪笼罩。

这时候我们通过换角度提问的方式，给对方开拓一个新的思路，让对方感觉到："哦，我好像真的蛮厉害的。""我好像真的是比别人要棒。""我男朋友好像真的很爱我。"通过转换角度提问，开拓对方的思维，让对方看到事情好的一面，这种可以转化负面情绪的能力就是提供高情绪价值的能力。

对方生气了,两种办法巧妙化解

生气是一种负面情绪,是因不合心意而不愉快。生气是非常接近发怒的一种状态。

通常对方生气分为两种:一是因为其他的事情生气,向你诉说;二是因为你生气。这两种情绪产生的原因不同,对方内心的需求就会不同,因此你应对的方式也是不同的。无论对方因为什么生气,只要你可以扭转这种情绪状态,那就是高情绪价值的体现。

对方因为某事生气向你诉说，你应该如何回应

当对方因为某事产生负面情绪向你诉说时，你需要扭转对方的负面情绪。扭转负面情绪的方法有很多，比如让对方的注意力从产生负面情绪的事件中转移到其他事件中，或将对方的负面情绪引导到积极情绪，等等。总之不能让负面情绪继续弥漫、传递。

■ 妈妈跟你说她在生爸爸的气，怎么办？

今天早上妈妈给你打电话："我和你爸吵架了，他在家什么都不干，每天我上班都累得不行了，回家还要伺候他。昨天我让他把家里的地拖了，他半天没动，我说了他几句，他就说我神经病。哎，实在过不下去了。"

先分析妈妈这个时候的情绪。
1. 妈妈会觉得"我又上班又做家务，还要伺候他，他什么都不干"，妈妈又累又委屈。
2. 妈妈需要得到支持、肯定、安慰。
想一下，这时候妈妈是什么情绪，她的需求是什么？你怎么说她的心情会好呢？你觉得她想听到什么？用负面情绪转化

公式进行分析。

认同情绪：妈妈，你是太辛苦了！

换角度提问：肯定是因为你做得太好了，什么事都能搞定，所以我爸什么都不管呢。

对比式肯定：妈妈，我之前看了一些关于撒娇的内容，里面有一个观点，女生要学会撒娇，学会让男的为你分担，我觉得挺好的。你要是学会了，说不定以后我爸在家啥活儿都干了。

好在哪儿：

1. 没有让负面情绪继续蔓延，这时候千万不要跟着你妈一起骂你爸。

2. 妈妈的辛苦我们都能看到，认同她对这个家庭的付出。

3 夸了妈妈优秀能干，又从侧面让妈妈觉得爸爸这么做是信任她，换个角度看爸爸不干活的事。

4. 委婉地告诉她，应该给爸爸机会干点儿活，不要什么活儿都自己干。

5. 告诉妈妈一个方法，帮她引导爸爸干家务。

公式中的对比式肯定既可以肯定对方很好，也可以转移对方的注意力。比如在这个案例中通过跟"会撒娇的女人可以轻松地让男人分担家务"进行对比，说明妈妈需要学习撒娇。

我做情感咨询十几年，发现很多离婚的人都不是自己真的想离，而是旁边不断有人说"你老公真不行，别过了，你肯定能找到比这个好的"。诸如此类的话天天听，就算刚开始你对你老公没有太多意见，天天有人跟你说他不好，你也会萌发想要离婚的心。当对方跟你抱怨她老公不好的时候，你可以尝试带领她换个视角看问题。案例中的妈妈听到这样的话，会觉得爸爸也没有那么糟糕，婚姻还是可以继续下去的。

■ 男朋友很生老板的气，怎么办

男朋友下班后很气愤地说，老板跟他说他有希望升职为经理，但是今天有个"空降兵"顶替了本来属于他的位置。

你应该怎么回应你的男朋友呢？
我们先进行分析：
1. 男朋友很生气，职位被顶替，他的能力需要被认同。
2. 老板想要升他为经理，证明他是有能力并且被老板认可的。可以尝试让他换个角度来看问题。
3. 男朋友对老板之前给他的希望和后续的处理结果都很失望，对老板也很失望。他是什么情绪？他期望听到什么？
有的人这样回答：
1. 亲爱的，你马上就可以升职了，竟然被人顶替了，真是令人扫兴。
2. 谁承想会有这么一出呀？早不来晚不来，偏偏轮到你升职他来了，真的很无语，我也感到很气愤。

如果你听到这样的回复，你会有什么感受？

1. 本来属于你的升职机会现在不翼而飞了，你对公司会有一些怨言。

2. 你对公司有怨言，工作热情一定不会高。

如果把这样的语言传递给男朋友，男朋友在工作中可能会有哪些变化呢？

人的积极性或多或少都会被情绪牵动，如果你的男朋友认为属于他的升职机会没了，对公司有怨言，就很难全身心地投入到工作中，这时候如果他跟"空降兵"发生冲突，很容易选择辞职。

我有个朋友原本是某互联网公司的中层，本来他要升职，结果来了"空降兵"，他在业务上与"空降兵"很多地方有冲突，加上公司里很多员工都替他惋惜，认为"空降兵"水平不行，结果他一气之下辞职了。

很多事情要看时机，不能想到什么就做什么。一个人陷入自己的负面情绪中，就很难看清前面的方向。男朋友在公司遇到这样的情况，你首先要做的是解决他的情绪问题，帮他做出最优的判断。此时，你的第一选择是冷静。

刚才那些话术都会让你的男朋友产生负面情绪，那么你应该如何安抚他呢？

认同情绪：亲爱的，你们老板真是太没眼光了，你这么优秀，他都没看到。

换角度提问：亲爱的，是不是你们老板想让那个"空降"的人带你一段时间，然后再让你升职？

对比式肯定：要不然你们老板怎么没对其他同事表露出升职意向，只对你表露出升职的意向呢？肯定是你比较出色，他想提拔你才这么做的，对不对？

好在哪儿：

1. 认同男朋友的能力，让他感觉你非常看好他，认可他的能力。男人希望自己在女朋友眼里是最棒的。男朋友生老板的气，你就要跟他站在一条战线上，让他感觉你是理解他的。

2. 男朋友想升职，你就要给他希望，让他觉得自己还是有机会的。老板既然说了想让他升职，但又来了个"空降兵"，就要将两者结合起来，换个角度看"空降兵"的到来能给他带来什么。

3. 通过与其他同事进行对比证明老板对男朋友能力的认可，让他有自信，告诉他还有希望升职。老板是觉得他有这个能力，所以才表现出这个意向，但是现在启用"空降兵"，可能是认为他某一方面能力稍有欠缺，还需要再培养。

此外，所谓的正确话术只是相对的。大家在日常生活中多加练习就会慢慢总结出自己的经验。

并不是所有人都能安抚别人的负面情绪。当你可以安抚男朋友的负面情绪时，他会觉得自己越来越离不开你。

对方因为你生气，你怎么回应

无论对男人还是女人，对方有再大的火气，你软软地说上几句话，也就是我们常说的撒娇，都会缓和对方的负面情绪。很多人对撒娇有一些误解，认为撒娇就是娇滴滴地说几句话，实际上并非如此。也有很多人认为撒娇是在讨好对方，其实不然，撒娇是让你们的感情变得更好的一种方式。撒娇不是简单地说几句话，而是要通过循序渐进地升级，让对方的情绪变好。这也是你高情绪价值的体现。

欢欢周末跟朋友出去逛街，老公十分不高兴，认为好不容易有假期，欢欢不在家陪自己，却要陪朋友，把自己一个人扔在家里。

欢欢进门的时候就看到老公冷着一张脸坐在那里玩游戏。

欢欢："老公我回来啦。"

老公继续玩游戏，根本没抬眼看欢欢。

欢欢："哎呀，你别生气了，我这吃完饭就回来了，他们叫我去唱歌我都没去呢。"

老公："那你去唱歌啊，我又没拦着你。"

欢欢："你这什么态度啊，你跟朋友出去喝酒，我什么时候像你这样小气了。"

老公:"对,我小气,你看谁大方你就去找谁。"

一场争吵就这样在家里上演了。

欢欢:"老师,你看我也撒娇了,我也哄他了。可是不行,没有用啊。"

我:"你是撒娇了,但是你撒娇的方法存在一些问题,虽然前面做得很好,但你没有持续,也没有层次。"

欢欢:"那应该怎么做啊?"

欢欢:"老公我回来啦。"

老公继续玩游戏,根本没抬眼看欢欢。

欢欢:"哎呀,你别生气了,我这吃完饭就回来了,他们叫我去唱歌我都没去呢。"

老公:"那你去唱歌啊,我又没拦着你。"

欢欢:"你看,你说气话了吧,我这吃完饭就回来了,你还这么生气,我要是真去唱歌了,你不得把我捏死啊。"

老公继续玩游戏不说话,但是已经没有刚才那么生气了。

这时候,撒娇的等级要提升一个层次,到达第二个层次。

你可以坐到老公腿上说："老公，我知道你是因为爱我，所以想让我陪你。你知道吗，我出去玩也是想给你一个惊喜。"边说边从包里拿出给老公买的礼物。

继续说："我为了给你买这个耳机，腿都要跑断了，谁知道你这个耳机这么不好买，跑了好几家店才买到。你说，人家贝贝陪我买耳机腿都要逛断了，我不请她吃饭说得过去吗？"

说到这里，再将撒娇提升到第三个层次——表达感受。

老公："你刚才不是还说要唱歌吗？"

欢欢："我逗你玩呢，我就喜欢看你特别喜欢我的样子，嘿嘿。"双手搂住老公的脖子继续说，"你这个人跟个木头一样，从来不说'我爱你，我喜欢你'之类的话，所以我只能逗你生气，让你表现出爱我的样子啦。"

我相信，到此你老公再大的气也消了。至于刚才的礼物，无论男人还是女人，都喜欢礼物。本质上，人们喜欢的不是礼物的物质表象，而是你给对方买礼物的心意。

对方怒气冲冲怎么办？"愤怒疗法"七步解决

在我十几年情感咨询的过程中，我发现很多人都有感情执念。往往有些人之所以感情不顺，除了受原生家庭的影响之外，还受个人成长经历的影响。一个人在成长的过程中会经历很多事情，会因不美好的经历受到很大的伤害，从而对很多事情无法释怀和谅解，最终感情不顺。

心中有恨时你的生活会变成什么样

波波的前男友毫无道德底线，但她就是要和他在一起，而在一起的原因并不是她多爱这个男人，只不过就是觉得自己为这个男人流过产。自己和他在一起6年，自己的青春都在这个男人身上，就算互相折磨，也要在一起。

因为她的沉没成本太大了，而且更多的是她不甘心：凭什么你说走就走？我不开心你也别开心。所以，她一直和这样一个渣男断断续续牵扯着。

我问波波："你到底是在折磨你自己，还是在折磨他？"波波说："我不知道。"

有些人明知道跟这个男人在一起没有未来，还是死死地抓着不放手，这也许根本不是爱，而是执念，甚至是不顾自己未来的执念。

有些人是受到原生家庭的影响，比如爸妈总是吵架，或者离婚，让他不相信别人会爱他。他可能恨父母，恨所有对他造成伤害的人。自己的生活中缺少爱，充满恨，他就不会感到幸福。

我在做咨询的时候遇见了小海。他跟初恋女友在一起3年，但是在准备谈婚论嫁的时候，他发现女友出轨了，他们就分手了。在后来的10年中，他也谈过几次恋爱，但由于初恋女友对他的伤害太大，导致他觉得每个女生都会出轨。后面的几段恋爱他都没有幸福感,每天都在担心女友会出轨。

我跟小海说:"你应该学会宽恕,学会放下。"

小海说:"我为什么要宽恕呀?我难道不该生她们的气吗?"

其实愤怒对于你的伤害有时远远大于那些让你生气的人对你造成的伤害。中国有句谚语,叫作"寻仇之人须存玉碎之心",只有宽恕能把你从过去的某一事件造成的负面情绪中解放出来。你如果执着于怨恨,只会让自己的生活越来越糟糕,感受不到生活的快乐。何必为了一个出轨的女人,葬送自己一生的快乐呢?

宽恕不需要双方的和解,不需要对方知道你宽恕了他们。宽恕不是你要履行的义务,不是你认为该做的事情,不是你说了什么,也不是你想了什么。宽恕是从内心散发出来的,是为了释放问题事件带来的情绪。宽恕可以进一步释放因为持续的负面情绪所产生的有害情绪。

宽恕并不是饶过对方的所作所为。有人觉得,他做错了,你让我宽恕他,那他对我的伤害呢?其实宽恕别人最终是为了宽恕自己。

我们可以宽恕某人,不要因为他的行为给你带来痛苦而一直怨恨他。但我们只是在心里宽恕他,同时要寻求正义,通过法律的手段去维护自己的权益。我们需要做的是放过自己的内心。宽恕会让你冷静地处理事情,不让你的负面情绪影响处理结果。宽恕之后，你才能真正地平静下来，你的头脑和思想才不会被那些伤害你的人和事占据，你才能更有效地接纳和吸收一些美好的事物。**宽恕最终是为了回归自己本身的精神需求，不要因为某些人的错为难自己，这才是宽恕的意义。**

愤怒疗法帮助你走出负面情绪

对方如果痛恨一个人，你可以通过愤怒疗法来帮助对方改善情绪。同样，如果你痛恨某一个人，也可以使用愤怒疗法，帮助自己摆脱负面情绪。

愤怒疗法的核心是认知行为的干预疗法，已被证明有一定效果。我将其改良，用于情感咨询领域，对于负面情绪的改善有明显的效果。

愤怒疗法是通过场景还原的方式，更改事件结局，并在场景还原的过程中，通过换位思考，宽恕别人和自己。

愤怒疗法一共分为七步。

第一步：创建目标。找到一个你需要宽恕的目标。

第二步：在心中开辟一个爱的空间。我们可以通过冥想给自己赋能，获得一些心灵上的加持。这相当于你在电视剧中看到的一些送行仪式，目的是让出行顺顺利利。

第三步：穿越时空。

第四步：宣读"罪名"。

第五步：宽恕别人和自己。

第六步：换位思考。

第七步：改编事件。

你需要找一个安静的私密环境进行愤怒疗法，因为在这个过程中你可能会大喊大叫，可能会哭，可能会笑。准备一些每一步需要用的音乐，再来一点香薰，让你更容易进入场景中。这些准备就绪，就可以正式开始。

■ **第一步：创建目标**

在你的人生经历或者感情经历中，选择一个曾经伤害过你并且让你迟迟无法释怀的人。

在你的思维意识中构建一个"法庭"，然后找一个"法官"。这个"法官"可以是孔子、老子，也可以是观世音菩萨、如来佛祖等，只要你觉得这个"法官"是公平公正的就可以。比如你的兄弟姐妹伤害了你，那么这个"法官"也可以是你的父母。

小海的目标：他的初恋女友，因为出轨而分手的人。

小海选的"法官"：苏格拉底。

■ 第二步：在心中开辟一个爱的空间

开辟爱的空间相当于给自己赋能。这部分需要通过冥想：我现在是一个什么样的人，或者说我现在最想成为什么人？在冥想的过程中寻找能量。比如，你可以想象你是一株向日葵，当太阳光照射下来时，也把宇宙中的能量照耀到你的身上，你不停地吸取宇宙的能量，这些能量是支撑你走下去的动力。

> 小海现在是一个感情不幸福的人。他希望自己可以在感情中获得安全感，拥有一个美好的恋人，两人相知相伴，白头偕老。他把自己想象成峨眉山金顶上的一块石头，吸收着大自然的能量。

■ 第三步：穿越时空

通过时光机来到让你产生愤怒、怨恨、生气、委屈等负面情绪的一个场景。如小海穿越到了他发现初恋女友出轨的那个晚上。仔细地回忆当时你在这个场景中穿的是什么衣服？你当时说了什么，她说了什么？哪句话让你觉得特别委屈，哪句话让你觉得特别生气？你当时的感受是什么？我知道有些细节你可能记不清了，没关系，你把眼睛闭上，再仔细感受你当时的情绪。

> 小海当时穿着运动服，刚从外面打篮球回来，到

家后发现女朋友在洗澡。小海坐在沙发上看微信有哪些需要回复。这时女朋友的手机响了,手机就放在沙发前面的茶几上,小海无意间看见手机屏幕上显示的"宝贝我回来了,你今晚有空吗?"小海颤抖着双手打开微信聊天界面,然而除了这一句话,什么都没有。女朋友对此的解释是那样苍白无力,他们当时吵得很厉害。

虽然时过境迁,小海在经历穿越时空这个环节时,双手依旧因为愤怒而发抖。

■ 第四步:宣读"罪名"

你需要向"法官"具体陈述在你身上发生了什么事,这件事是如何对你的身体和情感造成伤害的。去感受这件事情发生的时候,你的情绪是怎样的?你心里去想象在"法庭"的场景中,一个伤害你的人,站在"被告席"上接受"审判"。接着你可以把心中的委屈、痛苦、伤害都跟"法官"一一诉说。你可以大声地说出来,甚至可以大声地骂出来,想象这个人就站在你面前。你也可以准备一张他的照片放大,挂在墙上,在这个环节中使用。

小海说:"你出轨的时候,你知道对我造成了多大的伤害吗?你知道对我造成了多大的打击吗?当时你竟然还指责我对你不信任,有一瞬间我也会觉得是不是我想多了。可是没想到不仅事实打了我的脸,你也很冲动地扇了我一巴掌。"

初恋女友是"被告",而小海向"法官"描述她的"罪名"。小海的初恋女友站在"被告席"上听完小海的控诉,她可能会反驳。但最终她承认了自己对小海的伤害,她站在"被告席"上哭了,哭着承认自己很后悔,当时不应该那样做。

当你宣读对方的"罪名"时,把自己内心深处隐藏着的所有委屈、痛恨、怨恨统统发泄出来,你需要在这个环节中把你所有的愤怒发泄出来。在你构建的这个场景中,被你宣读"罪名"的人可以与你争吵,也可以对你进行指责,但他最终会"认罪"。

■ 第五步:宽恕别人和自己

在第四步中,一旦你释放了怒气,伤害你的人最终"认罪",你会发现自己内心深处在同情对方,从心底宽恕他。

有人的可能会说,我真的做不到宽恕他。确实,这一步是最艰难的,你可以把双手放在胸前,一遍遍地重复说"我原谅你,我原谅你",直到你心目中真的有这样的感觉。

如果你真的宽恕了他,此时的你心中会有一个宽恕的信号,如小海看到自己对着初恋女友笑了。当你再看到伤害你的人时，你的内心已毫无波澜，或者你脑海里突然出现了一束玫瑰花等可能代表美好事物的东西，这些都是你想要宽恕对方的信号。

当你痛恨某个人对你的伤害时，你也会痛恨自己。因此，当你宽恕了伤害你的人之后，你还要宽恕自己。

再次将双手放在胸前，不停地在"审判"的场景中对着自己说"我原谅你，我原谅你"，直到你可能泪眼汪汪，直到你可能身体有了变化，你就能够感受到那种宽恕的情绪。你可能会感觉到很难过，但你千万不要担心，这并不是说你在强迫自己，而是因为你心中充满爱，所以才会落泪。

每个人都有脆弱的时候，在这个自我宽恕的过程中，你也可以把你自己当作"被告"，你觉得自己伤害了自己。人因为经历过一些事情后很难再相信别人，甚至觉得这个世界上没有爱。当一个人产生了"世界上没有爱的感觉"时，他会对这个世界充满恨，充满敌意。比如小海的初恋女友出轨，导致他认为每个女人都会出轨，以至于他后面的每一段恋爱都在痛苦中挣扎。

愤怒疗法中最重要的一步就是学会放下心中的恨，选择原谅，与过去和解。

在第四步中，把心中的所有愤怒发泄出来后，你会有一种很轻松的感觉，感觉自己完成了一件特别重要的事。

接着你要学会释怀，即宽恕别人和自己。假设到这里你还是很难释怀，你可以回到第四步，继续指责伤害过你的人。把你心中所有的愤怒发泄出来，再来到第五步，将双手放在胸前默念"我原谅你了"。只要你有一点原谅的感觉，即可进行下一步。

愤怒疗法并不能一次解决所有问题，但只要产生了一点原谅的感觉，就是有了效果，就可以进行下一步。

■ 第六步：换位思考

假设你现在回到之前你受伤害的场景中，如果你是加害方，你会怎么做呢？你是在一种什么状态下伤害了别人呢？

> 小海说："我当时经常出差，工作压力也很大，每次初恋女友想跟我说什么的时候，我都不耐烦地说'我忙着呢，别打扰我'。试想，如果在这时候有一个女生对我嘘寒问暖，我在情感上可能也会发生一些变化，也许女友当时是不知道怎么跟我说分手吧。"

■ 第七步：改编事件

回想当时发生这件事情的场景，如果回到当初，对方还是对你做了这件事情，你为什么会产生对方根本就不爱你的想法？

> 小海："如果当初我对初恋女友多关注一些，跟她

表达一些自己压力很大的想法,我们的结果是不是会不一样?或者出事之后,我不和她闹得不可开交,我们是不是可以和平分手?"

改变当时事件的结局。试想如果当初这件事情以另一种方式处理,结局是否会不同?

这一步让你意识到,你有一定的勇气想要去碰触自己内心深处最痛苦的东西。你想完全改变自己的生活,就要把曾经的伤口挖出来,把化脓的部分去掉,让它重新长出健康的部分,这样才能让自己的身体不至于因为一个小小的创伤导致化脓,影响健康。

总之,愤怒疗法是一种深入的自我反省的方式,它可以消除你生活中一些伤害你的人给你带来的负面影响。当你这样去做的时候,你所有的勇气和努力得到的回报就是你心理和情感上获得了自由、快乐和安宁,它可以让你更深入地进入自己的内心,让你成为一个更加自信、更加快乐的人,你也会相信这个世界是美好的,而生活也会对你微笑。

不怕热战怕冷战，拒绝沟通怎么办

对方把负面情绪表现出来，实际上于我们而言是相对好处理的，但有的时候对方明明有负面情绪，却忍而不发，拒绝与我们沟通，这才是最糟糕的。两个人在一起，只要处于愿意沟通的状态，那么事情都是可以解决的，情绪问题也是可以解决的，最怕的就是一方拒绝沟通，你根本就不知道对方是怎么想的，就算你想给对方提供高情绪价值，你都不知道应该从哪里下手。任何事情都是有原因的，在我做情感咨询的这十几年中，发现很多情侣或者夫妻之所以拒绝沟通，主要原因在于：

1. 对方不是拒绝沟通而是怕吵架。
2. 对方不是拒绝沟通而是想静静。

3. 对方不是拒绝沟通,而是看不到你的诚意。

对方不是拒绝沟通而是怕吵架

小微和老公杨帆去逛商场,小微看好两双毛绒拖鞋,想要购买。

杨帆:"家里就我们两个人,已经有十几双拖鞋了,别买了吧。"

小微:"但是家里没有毛绒拖鞋。"

杨帆:"家里本来地方就不大,现在已经堆满了你买的各种各样的东西。"

小微:"杨帆,你什么意思,嫌我花钱多了是不是?不就100多块钱吗,我又没说花你的钱。"

杨帆:"我不是这个意思,你不是问我这个鞋好不好看吗,我这不是在表达我的想法吗?"

小微:"你这是表达想法吗?我问你这拖鞋好不好看,谁让你数落我了?当初是你自己说只要我愿意跟你来北京,你什么都会答应我,我不就是想买两双毛绒拖鞋吗,你至于吗?"

之后两个人大吵一架,不欢而散。

从那次之后,小微无论再问杨帆什么,杨帆永远只回答"好的""我知道了""行"。

小微为此跟杨帆吵过很多次,但杨帆毫无回应,彻底拒绝一切沟通。

实际上杨帆选择拒绝沟通,只是不想吵架而已。每次说点什么,小微就上纲上线,感觉不吵架就不能说话一样,杨帆也不知道从什么时候开始,他们的关系竟然变成了这样,他也不知道应该如何解决这个问题,于是选择拒绝沟通。

矛盾的核心是吵架,那我们就想想如何才能不吵架。解决了吵架的问题,拒绝沟通的问题就会迎刃而解。

为了买拖鞋吵架,其实不涉及什么原则性问题,我们使用各退一步公式就能解决。

■ 各退一步,解决吵架问题

1. 说出你的诉求。你需要明确地告诉对方你的诉求是什么。
2. 了解对方的诉求。你需要了解对方的诉求到底是什么。
3. 找到中间的位置并协商。一般而言,你的诉求和对方的诉求都会各有一部分中间带,尽可能找到一个双方都能接受的中间位置,各退一步,双方都要做出妥协。
4. 确定方案。找到两个人都能接受的方案,虽然两个人仍可能对这个方案有一些不满,但两个人生活在一起就是需要一定程度的妥协,没有规定谁一定要围着谁转。

小微的案例如何用各退一步公式解决?

1. 小微的诉求是买两双毛绒拖鞋，一人一双。

2. 杨帆的诉求是家里的拖鞋太多，没有地方放。

3. 解决方案可以有很多。

方案一：给小微规定一年只能买 8 双拖鞋，一个季度两双。去年的拖鞋要全部扔掉，家里的拖鞋总量不能超过 10 双。

方案二：杨帆一年只穿两双拖鞋，其他的额度都给小微，家里的拖鞋总量不能超过 10 双。

4. 确定方案后，问题解决，两个人停止争吵。

很多时候，对于有些争吵，当我们站在 A 的角度时，我们会觉得 A 有道理，站在 B 的角度时，也会觉得 B 没错。

周末，老公喜欢玩游戏到很晚，妻子很讨厌这种行为，对他说："都快凌晨了，你还玩游戏，天天玩游戏，你就不能少玩一会儿？"

老公说："我好不容易放两天假，休息休息，玩玩游戏怎么了？"

妻子觉得熬夜玩游戏不好，丈夫觉得自己又不是天天熬夜玩游戏，放松一下也没什么问题。但是为什么会发生争吵呢？

大部分男人都喜欢玩游戏，正如大部分女人都喜欢逛街买衣服，你不能要求别人完全按照你的喜好去做。但这时候如果你们各退一步,结果会不会更好呢?

妻子说:"亲爱的,我知道你想要放松一下,但是我更想和你待在一起,让你陪陪我嘛。要不这样,你周末在家的时候,上午陪我玩,下午再打游戏,晚上早点休息,可以吗?"

这样说话,女人得到了自己想要的结果,男人也可以接受。只需要各自退一步,就可以避免这种争吵。在婚姻中的双方,不能把自己的想法强加给另一方,好的婚姻状态是每个人都愿意为对方退一步。

■ 为什么我们总是争吵

为什么对方的意见只要跟你不一样,你就会很生气,想要吵架?有时候具体的事情是什么不重要,重要的是你的这种情绪。很多时候你会刻意告诉自己不要生气,可还是控制不住想生气,这究竟是为什么?

当我们的某种情绪没有得到对方认可的时候,我们就很容易做出一些回击反应。并非每个人都是很好的沟通者,当我们使用了不是那么正确的反应回击之后,进一步侵犯了对方,那么争吵就一触即发。我们不喜欢争吵,我们讨厌被别人否定,当被人否定而又无力反驳的时候,我们往往会找对方不好的地方对他进行攻击,这样我们才会觉得心理平衡。这样的争吵导致无法沟通,因为这样的争吵仅仅是单向输出,而不是互动交流。生活中有太多的争吵是这样发生的。我们根据这些矛盾去做有效沟通,不但能够使双方情绪得到释放,也会给这些矛盾找到出口,不至于因此伤害彼此的感情。

■ 吵架吵的是情绪

大部分时候,吵架吵的是情绪而不是事实。那么,什么是情绪吵架?

> 小婷今天下班比较晚,进门的时候已经 10 点了。
> 小婷刚进门,老公问:"你怎么回来这么晚?"
> 小婷:"你昨天不是也回来这么晚吗?"

这就是情绪吵架,是不是有点像你们每次吵架的开始?如果我们换一种方式表达,结果会不会截然不同呢?

> 小婷老公:"你今天怎么回来这么晚?"
> 小婷:"因为下雪我打不到车,你要是嫌我回来晚,你下次可以来接我呦。"

想要彻底解决对方拒绝沟通的问题,最好的办法是降低吵架的概率。如果小婷用事实来回答,他们还能吵起来吗?**这其中的底层逻辑是:用事实对应情绪。**当他用情绪在说话,如果你也用情绪去回应他,那你们势必会吵起来。他用情绪对待你的时候,你用事实去回应他,这样就避免了一场争吵。

假设你和暗恋你的老同学(自己可以想象一个真实的同学)因工作需要出去吃饭了,你的男朋友(老公)吃醋说:"你怎么老和他出去吃饭呀?"

请认真想象这样的一个场景,你会如何应对?

有的人会说:"我跟××吃了个饭,你有什么好吃醋的?你前几天还……,我说什么了吗?"

很显然,这是在用情绪回应情绪,是不对的。我们应该用事实去回应情绪。

也有人会说:"我就是吃个饭而已,要不你跟我一块儿去?"

这就是用事实回应。严格来说,这样说不会吵架,但是离让彼此的感情变得更好,还稍微有些差距。

在亲密关系中,三感(神秘感、危机感、安全感)统一是十分重要的,你要让对方有一定的危机感才好。而前文的话术邀请男朋友(老公)去,如果他真去了,发现你和对方真的就是谈工作,对你们的关系是放心了,可时间长了,你在他面前就会失去神秘感,他也不会有危机感了。

把这个话术调整为:"亲爱的,我们就是因为工作有交集,才和他晚上在××吃的饭,要是你吃醋,我吃完饭通知你,你来接我呗。"

这个话术好在哪儿呢?
1. 用事实回应情绪,这样肯定是不会吵架。
2. 解释了你们是工作需要才在一起吃饭,给了男朋友(老公)安全感。
3. 吃饭时没有让他参与,保持了一定程度的神秘感(他不知道暗恋你的男同学究竟是什么样的),也让他保持了一定的危机意识。
4. 吃完饭让他来接,说明你不会做任何让他担心的事。

这个话术让你在男朋友(老公)心中保持了神秘感,让他既有危机感又有足够的安全感。本来男朋友(老公)说这句话就是有点找碴吵架的感觉,但你用了事实回应情绪,把他所有的脾气轻松地卸掉。所以,**一定要学会以柔克刚,刚刚相碰,**

只会两败俱伤。

■ 厨房水池怪圈

周末的一天,琪琪看时间还早,就坐车到男朋友家。到男朋友家以后,发现他家杂乱无章,心情立刻就灰暗了。于是琪琪跟男朋友为了收拾房间开始较劲,从收拾房间说到男朋友的坏脾气,再说到以前约会的时候不愉快的事情,两人立刻就炸开了锅。

这似乎是在做一个发散讨论,却因为沟通障碍,让双方陷入了一个怪圈,使得局部的冲突弥漫到整个亲密关系中,这就是厨房水池怪圈。你也可以把厨房水池怪圈理解为翻旧账,每次吵架都要把之前吵架的事情翻出来吵一次。

如果在亲密关系中陷入厨房水池怪圈,通常会让对方情绪很糟糕,长此以往,就会导致厌烦感,从而使对方拒绝跟你沟通。这也是低情绪价值的一种表现。

琪琪:"你又把臭袜子扔在沙发上。你怎么老是这么不爱干净呢,每次你都这么干,不知道我上班也很辛苦啊,还得给你收拾。"

男朋友:"你上班辛苦我就不辛苦吗?你要是不愿

意可以不洗，又没人逼你。"

然后就开始吵起来，最后女生上升到"你不爱我，你不关心我"。男生就会觉得很委屈，我明明就只是一次没洗袜子，怎么就不爱你了呢？

是不是你们每次吵架都这样？但是如果你换一种表达方式呢？

琪琪："当你把臭袜子扔在沙发上的时候，我很生气，你下次顺手洗洗好吗？"

如果男朋友反驳，这个时候你不要说任何话，不要去接他的情绪，而是再找机会去改变他的这种行为模式。假如你想通过一次吵架让对方把问题改正，那就快醒醒，不要做梦了。吵架只会让他拒绝跟你沟通，只会让你们的亲密关系变得更加糟糕，根本不会改变对方任何行为模式。

对方不是拒绝沟通而是想静静

小莉的老公杨杰进门之后就满面愁容地坐在沙发上，一句话也不说，任谁都能看出来他现在心情极度不好。小莉忙完之后坐到老公身边说："你这是怎么了？"

杨杰特别不耐烦地说:"没怎么。"

小莉:"没怎么,还一脸不开心,你到底怎么了?"

杨杰:"跟你说了,没怎么就是没怎么。"

你在生活中也遇到过类似的场景吧?你是不是也曾非常疑惑:"明明就是有事,为什么不能跟我说说?"难道我就这么不值得信任吗?再说你什么都不说,怎么知道我是不是一点忙也帮不上呢?

实际上这不是能不能帮上忙或者信不信任的问题。这是因为男女排解压力的方式不一样,女人喜欢分享,男人喜欢沉默。男人有一个自我修复功能,需要在安静的环境下进行,所以有时你看到男人明显有问题,可他就是不愿意告诉你,就是喜欢自己一个人抗,他就是进入了所谓的洞穴期。

洞穴期是《男人来自火星,女人来自金星》中的一种说法,指的是男人会时常因为各种原因,定期或不定期地想自己独处,恢复对生活、女人的热情。在这一时期,他们往往会躲起来,不想被打扰,直到积蓄好力量,走出洞穴,恢复往日的活力。这个时候,女人就需要给男人独立的空间和时间,不要以关心为名,步步紧逼。

那么,在男人处于洞穴期时,女人就完全不管了吗?不是的。

■ 如果是小事

如果是小事，你只要顺应男人沉默的特性，可以给他洗点水果，或放点他喜欢的东西在旁边，然后去做自己的事就好了。他会看在眼里，并在心里默默地给你加分。

有些女人觉得好像没有为男人做什么，心里特别不安，总也不踏实。其实男人和女人是不同的，不要总是把你自己排解压力的方法强加到男人身上，那样只会适得其反。你能做的就是为他营造一个舒适的、安静的"洞穴"。

■ 如果是大事

如果男人连续几天出现这样的情况，但是他又不告诉你他怎么了。此时，虽然他心里可能希望得到你的帮助，但他总有一种放不下的面子。

这时候你不要直接问能不能帮助他，如果你问了，他应该告诉你"我不行了"，还是"我很需要你的帮助"？对于男人来说，这多少有些尴尬。

你可以间接帮他，比如向他的朋友了解情况。等你了解后，主动给他一点"小帮助"，并说："我知道你行的，只是你肩负太多，反而忘了做好这点小事，我帮你把它搞定了。"

这样既给了他面子，又给了他台阶下，他会爱你至深。这就是高情绪价值，而一直在旁边追问的就是低情绪价值。

对方不是拒绝沟通，而是看不到你的诚意

我记得在 2019 年，我的公司出了一点事情，那段时间我心情特别沮丧，经常一个人发呆，或者不知道自己在做什么，我老公想尽各种办法哄我开心，可我依然愁眉不展。

有一天，我坐在沙发上发呆，我老公坐过来说："我知道你最近心情不好，你到底怎么了，跟我说说呗。"

其实我真的不想跟他说，我之前每次跟他说我的压力、我的无助，他都会说："要不你别做公司了，我不想看你这么辛苦。"可是我热爱我的工作，我想做下去，而且任何人在工作中都可能会遇到各种各样的问题。

见我沉默不语，他看着我喃喃地说："老婆，你怎么了，跟我说说呗。"

我看着他那种小心翼翼的、诚恳的表情，忽然觉得自己特别委屈，立刻就哭了。接着就絮絮叨叨地跟他说我们公司发生的事情，结果是他帮我解决了大部分难题。

"要不你别做公司了，我不想看你这么辛苦。"从这句话中，

我看不到他的诚意，因为他并没有分析问题，没有提供解决问题的方案。

女人和男人拒绝沟通的初衷真的不一样。男人也许是因为处于洞穴期，想要静静，而女人拒绝沟通往往只是表象，实则是想看你的诚意。如果男人只是随口一问，女人当然不想说，毕竟女人注重过程，男人注重结果。但如果女人觉得男人真的特别有诚意想要沟通，是不会拒绝沟通的。

对方当众不给你面子怎么办？巧妙转移话题

在生活中，对方让你产生负面情绪，你应该怎样解决？尤其是对方当众让你下不了台，你应该如何回应？闷声不吭会不会让对方得寸进尺？大声反驳会不会让双方都下不了台？这些问题具体应该怎样解决，会让双方面子上都好看呢？

女朋友让你在众人面前没面子怎么办

时谦跟池欢交往两年，已经到了谈婚论嫁的阶段。年底，时谦公司举办年会，可以带家属去，于是时谦就带着池欢共同出席。

池欢性格活泼开朗，很快就和时谦的同事熟了起来，跟坐在时谦对面的女同事大聊时谦小时候的各种糗事、淘气事：5岁偷偷亲隔壁女生，被女生家长告状，父亲知道后狠揍一顿；小学二年级第一次参加英语演讲比赛，吓尿了裤子；高中的时候交了一个网友，坐十几个小时的火车去见面……

坐在对面的时谦脸色青一阵白一阵，池欢完全没有意识到，继续不停地爆料。

这些都是他们热恋的时候，时谦讲给池欢听的。在场的同事们听了哈哈大笑，并各种打趣时谦。坐在时谦对面的女同事投过来的目光看上去很怪异。时谦在公司跟她一直不合，最近两人在争一个大客户。

时谦非常生气，几次打断池欢的话，让她不要再说下去。池欢大概喝了太多的红酒，根本不肯听。在女同事的怂恿下，继续爆料。

在生活中，你可能也会遇到类似的情况，对方让你很没面子，你想制止又不想伤了和气，试了很多方法都不行，那你该怎么办呢？假设你是时谦，你会怎么做呢？在这种情况下，求助法加示弱法是你最好的武器。

■ 求助法

时谦可以说:"池欢,我同学有件急事想找你帮忙,你去给他回个电话呗,等会儿再跟他们爆我的黑料,也不差这一会儿。"

这样说有什么好处呢?

1. 你已经打断很多次了,但是她仍然在继续说,说明打断已经没有用了,你需要把她带离这个场地,才能制止这个话题。

2. 有人要找池欢帮忙,而且这个忙只能她来,她自然不会拒绝。

3. "等会儿再跟他们爆我的黑料,也不差这一会儿。"这句话其实在表达这个忙很小,池欢一会儿就能解决,同时也没有传递你已经生气的信号。

至于是不是真的有这样一个同学需要帮忙不重要,重要的是让池欢有一个必须离开现场的理由,话题才能真正被制止。这就是求助法。

■ 示弱法

时谦把池欢叫出来之后,接下来要用示弱法。

出门之后,时谦直接拉着池欢的手对她说:"其实没有什么同学需要你帮忙,只是你在那么多人面前说我的糗事,让我很没面子,而且这些事情只有你一个人知道,我以为这是我们之间的小秘密,你不会告诉任何人。"

池欢:"哎呀,没事。我这是在帮你增加亲和力呢。"

时谦:"以后我在公司一讲话,他们就在下面议论我会不会尿裤子,我还怎么管他们啊。"

池欢:"好好好,我不说了还不行吗?"

示弱法在此时具体有什么好处呢?

1. 让池欢知道你现在已经生气了,而且你真的很不喜欢别人知道你的糗事。"我以为这是我们之间的小秘密,你不会告诉任何人。"这句话就是在传递这个意思。

2. 用示弱的方法把这个问题说出来,两个人是不会吵架的。你可以想象,如果你换一种语气来说这些话,你们一定会吵得不欢而散。

3. 在伴侣面前你真的可以不用事事要强。有时候男人的撒娇和示弱,会让亲密关系变得更好。

职场上有人让你下不了台怎么办

在众人面前不给你面子,让你下不了台的事情不仅发生在伴侣之间,在同事之间也会发生。我曾经在知乎上看到一个这样的提问。

  我有一个同事给我推荐了一个供应商的产品。我拿了样品，但我那段时间太忙了，一直来不及测。后来有一次公司开会，他当着全公司人问我是否测了样品。我说还没来得及。他说："人家今天都要到公司来访了，给你的样品你都不测。"
  我当时觉得特别没面子，拿着东西转身就走了。
  如果下次再遇到这种问题，我应该怎么办呢？

  我相信类似的情况你在公司或多或少可能也遇到过。在职场上有很多人喜欢对别人指手画脚，有时候你只是不好意思拒绝，而对方还一而再再而三地要求你做这个做那个。
  遇到这种情况同样可以用求助法。

  你可以说："对哦，那怎么办，人都要来了，要不你帮我测一下吧，反正是你给我介绍的，你就送佛送到西吧。"
  同事："我可没时间帮你测。"
  你可以说："那你就跟对方公司说说，让他们等一等，测试好了，再让他来，省得让人家白跑。"

这样说的好处：

1. 表面上你是在求助，实际上是给了他一个软钉子，让他知道安排你做事情也没有那么容易。

2. 有时候在职场上，你听了他一次指挥，他就觉得自己可以摆布你。接着就会有第二次、第三次，很显然他刚才在试探你能不能被他摆布。这个时候你如果乖乖听了他的话，以后说不定他会怎么摆布你呢。

虽然你不想得罪人，但是必要的软钉子还是要给的。

老公让你当众下不了台怎么办

有一次朋友聚餐，大家聊得特别开心，不知道是谁开始讨论做饭的问题。

老刘大嗓门地冲着他老婆来了一句："你也跟人学学，别总给我做土豆炖芸豆。"

这句话声音特别大，引得大家都看向了老刘的老婆。当时老刘的老婆脸上明显有点挂不住，但也没说话。

老刘那天可能喝得有点多，又说什么"你看××家里的柜子多整齐，再看你收拾的柜子，就是把衣服弄成一坨塞进去。有时候我一拉开柜子，衣服都往外掉"。

老刘的老婆没好气地说："对，谁有你干净啊，回家把袜子脱下来非要塞到枕头底下。"此话一出,老刘坐不住了。无论我们怎么劝,他们还是不可避免地大吵了一架。

当着那么多人的面,老刘两口子说这些话都不合适。遇到这样的情况,我们要学会以柔克刚。用求助法加示弱法可以很好地化解这一场尴尬。

老刘:"你也跟别人学学,别总给我做土豆炖芸豆。"
老刘老婆:"好呀,我做饭的确不太行,回头你给我列个单子,我看看先从哪个开始学。"

老刘听到这样的话,在饭桌上会觉得自己特别有面子——你看我老婆,对我多好。老刘的朋友们也会夸老刘老婆情商高。

所以,在某些情况下,老公说你不行,你可以示弱承认自己不行,没必要非要跟他死磕。再说在公共场合给彼此面子,才有利于问题的解决。一定要记住,夫妻是一体的,他好你才好,他不好,你也会受到负面影响。

无论夫妻之间、情侣之间,还是同事之间,只要对方让你下不了台或者没面子,你就用示弱法加求助法化解。此外,视具体情况,这两种方法可以组合用,也可以分开用。

工作和生活中遇到的所有负面情绪都是有方法解决的,

千万不要用吵架去解决问题，吵架只会让双方的关系更紧张，让彼此的感情雪上加霜。

对方因某事产生恐惧怎么办

一个朋友28岁时被查出肿瘤早期，但是要切片之后才知道是良性还是恶性。

你此时去医院探望，应该怎么安慰他呢？如果你说"现在医学发达，没有关系的"，你的朋友听到这样的话，他的心情会好吗？我想应该不会。

肿瘤患者的情绪之一是恐惧。当一个人产生了恐惧的情绪时，他的情感需求是"希望"。他怕自己年纪轻轻因为肿瘤去世，你需要让他看到自己以后的希望。怎么说能让他看到希望呢？可以通过换角度提问让他看到希望。

你可以说："我知道你很担心，好在发现得比较早。你看那些没有及时发现、及时治疗的人，就算最早是良性的，由于发现得晚，也有可能转成恶性。你才多大啊，我去查了相关资料，恶性的概率特别小。这次听医生的话好好治疗，治好以后就把坏的生活习惯全改了，好好锻炼身体。说不定这次住院对你来说是好事呢,提示你多注意身体。"

通过换角度提问,让朋友自己意识到:如果从一生的健康来看,这次检查出肿瘤是件好事,之前不注意身体,现在有了警示,必须关注自己的身体健康,同时对方也看到了希望。

负面情绪应对工具表

负面情绪应对工具表中（见表1），"需求"指的是当你有了这种情绪，你的心理需求是什么。比如你现在很伤心，那你现在的心理需求就是释放负面情绪，把让你伤心的人或者事放下。"应对"是指当你在伤心的时候你希望对方做什么。是陪伴？还是倾听你的伤心事？我们可以根据负面情绪的名称，找到自身的需求和应对方式。

表1 负面情绪应对工具表

负面情绪	需求	应对
生气	宣泄	倾听
伤心	释放、放下	倾听、陪伴
恐惧	希望	换角度提问,给予希望
痛苦	倾诉	倾听、理解
委屈	理解	还原困难场景
遗憾、后悔	自责	安慰、鼓励
内疚	补偿	倾听、安慰
自卑	鼓励	鼓励、赞美
焦虑	害怕失去	理性分析事件,权衡利弊
怨恨	复仇	消除、放下
厌烦	远离	离开
痛恨	复仇	消除、放下
嫉妒	超越	换角度提问,给予希望
尴尬	不被注视	转移话题
回避	远离	离开
低落	安抚	转化情绪
沮丧	理解、安抚	鼓励、希望
忧伤、悲伤	安静	陪伴
不耐烦	远离	离开

▲ 负面情绪应对练习 ▲

◎ 练习 ◎

男生说:"年终总结大会,领导表扬了 A 组的组长。B 组所有组员都为我鸣不平。"你应该怎么说?

请大家先分析男生说这句话的情绪,再按照所学写出答案。看到这个问题,也许不少人的第一反应是跟男生一起抱怨,或者跟男生一起骂领导。我们应该跳出固有的思维认知误区,用一种全新的思维方式解决这个问题,也许你会发现这个世界的不同。

◎ 知识链接:单环学习与双环学习 ◎

单环学习

单环学习是在已经逐渐形成的认知框架内,寻找各种各样的证据和理论,不断丰富这个认知框架,使你的知识变得越来越丰富。一旦遇到问题,你就能够敏锐地把握关键,立即用你现有的认知分辨眼前碰到的问题,从而寻求解决之道。

但是,单环学习一方面给予你引导,另一方面也在禁锢你的思维。最后的结果会是：手里拿把钉锤，看什么都是钉子。

当你的认知变得越来越完善的时候，你也在悄悄阉割自己的认知能力。这听起来像是悖论，但其实很简单：你在越来越心明眼亮的同时，也把很多事实和现象都悄悄屏蔽和拉黑了——不是有意不去看，而是你已经感受不到那些东西了。

比如当你觉得一个男人爱你的时候，无论他做什么，你都可以给他做的那件事情找一个理由——爱你。而他实际上是否爱你，你已经完全感受不到了。你只能听见你想听见的，看见你想看见的。

人的认知是一种认知模式与现有的现象和事实之间的契合。当你的认知模式越来越清晰的时候，你对外界的敏感度也会越强。但危险在于，你对外界的认知变成了你现有模式的一种投射。比如有些老板有一个本能，总是能在员工身上找到各种各样的问题，即便员工有 100 个优点、1 个缺点，老板也能准确地找到这个缺点，并告诉员工，他现在有多糟糕。因为这样的老板在工作中已经建立了一种认知模式，他要改变员工不好的地方，这样才能为企业创造更多利润。

单环学习会让我们陷入误区

在这本书里可能有一些方法你并不太认可，但它们真的很有效。比如，有些人觉得撒娇就是一种讨好对方的行为，但我不这样认为。

你养过猫吗？我跟我老公刚结婚的时候养过一只波斯猫，脸很大，毛很软，白色的那种。我每次回家，它都会在门口迎接我，洗完澡的时候要缠着我给它挠挠肚子，那个撒娇的样子真是可爱极了。你说它的这种撒娇是在讨好我吗？是有什么目的吗？是希望我给它买更贵的猫粮，抑或想让我给它吃猫罐头？我觉得都不是，它只是单纯地喜欢我，想要和我亲近。

同样是哺乳动物，为什么猫依据本能撒娇，我们会很喜欢，觉得它很可爱，而换成我们自己撒娇的时候，就会觉得这是一种讨好行为？旧地图永远到不了新的地方，我们是时候做出一些改变了。

这个程序实际上很简单，首先，你把总件数分成几组。当然，件数不多的话一次就行。很重要的是件数不能一次太多了，太多了不如少一些效果好。这在短时间内似乎不重要，但经常不注意这一点很容易造成麻烦，而且一旦造成错误，其代价可能是高昂的。开始时，整个程序看起来可能比较复杂，但用不了多久，它就会成为你生活中重要的组成部分。

是不是觉得看不懂，那如果我说这是洗衣机的说明书呢？是不是感觉马上就可以看懂？为什么呢？因为你知道洗衣机是什么样的，根据你固有的经验，很容易理解这个说明书的内容。但如果不告诉你这是什么，你就很难看懂，因为你认为你的固有经验中没有这一内容。这就是单环学习的结果，我们总是站在固有认知上对一些人、事、物加以判断。单环学习会让我们陷入很多误区，而双环学习可以让我们快速突破固有思维模式，建立全新的思维模式。

单环学习会让我们陷入知识盲区

单环学习会让我们陷入知识盲区，简单地说就是看不明白一个知识为什么好、为什么不好。

> 一个学员跟男朋友分手了，通过一系列的努力，前男友想约她吃饭。作为咨询师的我觉得不能轻易同意，又不能让前男友觉得约她没有希望，同时要让前男友觉得，她跟以前不求上进的她不一样了。那么，话应该怎么说呢？
>
> 她可以跟前男友说："今天晚上有个同学来北京开会，就今晚一天时间，我跟他好多年没见。而且他们

公司跟好多企业都有合作，我想看看跟他是否有合作的机会。把咱们的约会改在后天，可以吗？"

这段话表达了几个意图：
1. 我现在很上进，跟同学吃饭主要是看能不能合作。
2. 我平时挺忙的，也不是随时都有时间。
3. 我今天是真的有正事，没空跟你约。
4. 我还是想给你机会的，所以我说了我有空的时间。

可是，学员觉得这么说太啰唆，就直接跟前男友说："我今晚跟同学吃饭，没空呢。"结果前男友就没有再约她。

学员说"我没觉得这两段话有什么区别"。这就是单环学习的弊端，总是站在自己的认知区域中去看待别人，因此也看不懂我的建议高明在哪里。所以我们要摆脱单环学习的认知模式，从单环学习升级为双环学习。

双环学习

任何一种认知模式都是有效的，但都是有局限的。它让你心明眼亮的同时，也让你在很多方面失去了觉知。

真正有效的学习是：一方面要在既有的认知模式下不断强化自己的认知模式；另一方面，要弱化甚至消减自己已有的认知模式。这种学习方式就叫双环学习。

双环学习，就像"8"字不停地在循环。当你进入另外一个圆圈的时候，你看原来那个圆圈的事情，反而看得更清楚。

当然，思维不是闭环的，而是从原有的认知环里溢出，进入另一个认知环。实际上，认知模式远不止一个"8"字那么简单，它不断突破你既有的逐渐形成闭环的世界，然后重建一个认知框架。

你可以理解为，当你学习一种新的知识时，要把自己全部清零放空，用一种无知的状态去接受新的知识。等学习完这种新的知识之后，你再跳出来，用你的固有思维去看这种知识，哪个是对的，哪个是错的；为什么对，为什么错。或者说，你要经常跳出你的固有框架，用第三视角去审视自己，而不是总站在自己的角度去学习。这就是双环学习。

我记得我的孩子很小的时候，我妈就要教我老公抱孩子。我说："不用管，他抱着不顺手，自己就会找抱着舒服的姿势。再说你这样抱顺手，他这样抱不一定会顺手。"我妈就总担心我老公会不会把孩子摔了。我说："那是她爸爸，爸爸把自己摔了，也不会把他女儿摔了的。"

除非我老公主动问我，否则我是不会主动去"指导"他做什么的。很多夫妻不合，就是因为一方总是像个老师，总想"指导"另一方。

为什么你总是想要"指导"他呢？因为在你的认知中，抱孩子就应该像你那样抱着，跟你的方法不一样的就是错的。这就是典型的站在固有认知上看待问题的思维模式。

我特别想强调的是：我们在提高自己的认知时，一定要在自己的认知模式里打开一个缺口，而不要成为一个活在自己世界里的人。

王戎是一个只有7岁的聪明孩子。有一天他跟小朋友们一块儿玩，突然在村子外面的路边看到了一棵结满果实的李子树。小朋友们立刻就兴奋了，争先恐后地爬上树摘李子。

但是王戎站在那儿一动不动，静静地看着这帮小伙伴。有一个路过的大人觉得很奇怪，问王戎："你为什么不去摘李子啊？"

王戎说："树上长满了李子是不假，可是这棵李子树长在路边，居然没有人摘，这李子一定是苦的，吃不了。"

小朋友们摘完李子，高兴地准备享受自己的劳动果实，结果尝一口，发现李子果然很苦。

在这个情景当中，王戎没有陷入大家公认的思维和反应模式中。王戎从一个认知陷阱，或者说一个已经形成闭环的思维模式当中跳出来了——从单环进入了双环，没有将自己的精力耗费在无意义的事情上，自然而然地获得了一种认知优势，从而也获得了一种竞争优势。

用双环学习的全新思维完善你的答案。

温馨提示：先试着自己做，然后参考附录，修正你的做法。

03
为什么你总是把高兴变扫兴

对方向你表达自豪的事情时，万能公式巧妙回应

人们有两大类情绪，一类是负面情绪，一类是正面的积极情绪。在前面的章节中，我们讲到了如何应对负面情绪。负面情绪需要回应，这很好理解，因为人在难过的时候都希望得到安慰。那么，积极情绪需要回应吗？如何回应呢？

他分享自豪的事情，你却完全不知道怎样回应

小梦跟男朋友约会，男朋友一脸兴奋地跟她说，他签了一个200万元的单子，特别开心。

小梦说："哦，那你挺厉害的。"

小梦的男朋友还想跟小梦分享一下自己是如何历尽千难万险把这个单子签下来的。结果小梦的一句"哦，那你挺厉害的"堵住了男朋友后面想说的所有话。

接着男朋友又说："周末逛街，我给你买个包吧。"

小梦："我周末好像要加班呢。"

男朋友："我签了200万元的单子，怎么感觉你很不高兴呢？"

小梦："没有啊，我就是不太懂而已。"

男朋友："同事约我庆功我都没去，就想跟你好好庆祝，结果你这个态度，我还是去找同事吧。一会儿你自己去看电影吧。"

小梦："我真的很为你高兴，你好厉害啊！你好棒啊！这样行吗？"

男朋友："我怎么觉得你是在讽刺我呢。"

本来是值得庆祝的一件事，结果两个人不欢而散。我问小梦当时她是怎样思考这个问题的。

小梦说："我对他的那个单子真的什么都不知道，我也不知道应该怎么说，我问他吧，会觉得我好像特别笨一样，什么都不懂。而且最后我不是说了'你好棒，你好厉害'吗？他还觉得我在讽刺他，那我就更不知道应该说什么了。"

我:"那周末逛街你怎么也说不想去呢?"

小梦:"我平时用的包都挺贵的,感觉让他买不合适,便宜的我又看不上。到时候又要因为买包吵架,我还不如不去呢。"

诸如此类的生活场景还有很多很多,如果对方在生活中遇到了让自己很自豪的事,想跟你分享,你总是一副不温不火的态度,那他可能以后就不想跟你分享了。毕竟我们更愿意把这件事分享给能与我们同乐的人。

如果有一个人不仅可以和你一起高兴,还能把你的高兴放大无数倍,你会不会更喜欢这个人呢?我想,你会的。

跟闺蜜炫耀时,她无动于衷

假设你已经结婚3年了,老公一直都没有怎么送你礼物,就算送也是比较敷衍的,你一度怀疑老公根本不爱你。于是你决定改善这种情况,报名了某情感机构的课程。经过学习,你们之间的相处模式有了改变,你老公也在这个过程中改变了,他送了一个你心仪已久的包,这在以前是绝对不可能的。你特别开心,不仅仅是收到这个包,更重要的是这证实了你老公对你的爱。

周末你跟闺蜜约了喝下午茶,刻意背了这个新包,想跟闺蜜炫耀一下。你左摸摸包,闺蜜没反应,你再拿到右边摆弄摆弄，闺蜜还是没反应。这时你实在憋不住了，跟她说："我老公送了我一个我喜欢了很久的包包，我特别开心。"接着闺蜜看了一眼你的包，对你说："嗯，你老公对你还挺好的。"你满怀期待地看着她，等着她具体问问你老公为什么送你包，结果她什么也没说。

此时你会不会有一种有一万句话想说，但是活活给憋回去的感觉？是不是恨不得跟她说："你快问问我，我老公怎么就开窍送我包了呢？"基于很多原因，这样的话我们并不能，或毫无顾虑地说出口。同理，当你老公在事业上取得一定的成就时，想要跟你分享，你也是这样的状态，慢慢地，他无论有好事还是有坏事，可能都不想跟你说了。

对方跟你分享自豪事件的万能回应公式

如果当时你的闺蜜看到你背的新包，跟你说："哇，这个包包好漂亮，你是怎么让你老公送你这么好看的包的呀？可不是所有老公都会送老婆这么好看的包呢。你老公超级爱你吧，你可要把他抓紧，免得被别人抢走了。"

听到这样的话，你会有什么感受？首先是很高兴，接着你大概还会有以下3种感受：

1. 想要炫耀的心理得到了满足。
2. 从别人嘴里再次确定老公是很爱你的。
3. 有机会跟闺蜜说说你在情感机构获得的知识。

有人说："这句话是挺好的，但我说不出来啊。"别着急，这里给大家准备了一个公式："努力的过程 + 对比 + 感受"。你可以用这个公式来回应对方与你分享自豪的事情。

努力的过程：哇，这个包包好漂亮，你是怎么让你老公送你这么好看的包包的呀？

对比：可不是所有老公都会送老婆这么好看的包呢。

感受：你老公超级爱你吧，你可要把他抓紧了，免得被别人抢走了。

努力的过程：让对方值得骄傲的事情一定不是很简单就能完成的，一定是需要付出努力的，那这个努力一定会有过程。

比如，为什么老公送你包？因为你通过努力学习，改变了自己与老公相处的行为方式，最终改变了老公，这个过程就是努力的过程。

再比如，你男朋友签了一个200万元的单子，他是如何努力找到这个客户的？又是如何努力获得这个客户的认可？最终是怎样让客户下定决心跟他签约的？这中间一定需要付出努力，在努力的过程中也一定会有一些插曲，所以在你的第一句话——问完努力的过程之后，对方可能会滔滔不绝地讲他是如何努力的。这时候你可以等他说完再接着说"对比"和"感受"。公式可以一次性说完，也可以分开说。

对比：这里的对比一定是泛指某些人、某个群体，不能特指某一个人。比如，其他人的老公、公司同事的老公、班里同学的男朋友，这些都是泛指。不能特指某一个人，如小梦的男朋友、小红的老公等。

感受：这个感受是你自己的感受，即你听到了别人引以为豪的事情时你的感受，比如"你老公送你这个，一定超级爱你吧"，"你们老板把这么重要的事情交给你来做，一定很重视你吧"，"你取得了这样的成就，业界一定会对你刮目相看吧"，等等。只要这个情绪是正向的，你就可以很直接地把它表达出来。即便有时候有点酸也是可以的，如"瞧把你美的，这时候你有条尾巴，那一定得翘到天上去"。

接下来我们再看一个场景。

男朋友兴高采烈地跟你说："亲爱的，我今天签了一个500万元的单子，领导很高兴，还给我加了10%的工资。"

基于男友被领导认可非常高兴的心情，他跟你分享，你应该如何回应呢？

如果你回答："亲爱的，你太棒了，你好厉害！"你男朋友会有什么反应呢？他是不是不知道怎么继续下面的话题呢？他会不会有一种感觉：这件事情使我特别高兴，但是和你分享完以后，好像我也没那么高兴。

那应该怎样回应呢？套用万能公式。

努力的过程：哇，亲爱的，你当时怎么签的这个单子啊？

好在哪儿：

1. 用惊叹的语气强调你对他能力的出乎意料和崇拜。

2. 后半句产生好奇，引导他将签单的过程分享出来，让他回想努力的过程，想到他签单时开心兴奋的感受，并将这种情绪带入跟你的谈话中。

3. 让他觉得你跟其他女生不一样，不是那种不太走心的夸奖，而是想要了解他努力付出的过程。

当你说完"你当时怎么签的这个单子啊"之后，他可能会滔滔不绝地开始跟你分享，也有可能不说话，你需要根据他的状态决定"对比"的话是马上说，还是等他分享完过程再说。

对比：你们公司没几个人能达到你这种业绩的吧！

好在哪儿：

用这次的业绩来认可男朋友的能力，同时用公司其他人来做对比，突出他的能力，让他在你面前产生成就感和满足感。

感受：你是我的偶像，下次我工作遇到这类问题，也可以请你帮忙吧？

好在哪儿：

你表达的感受是"你很厉害"。

1.男生都渴望女生仰慕自己，而这件事的分享也可以让男朋友感受到你对他的仰慕。

2.因为男朋友很厉害，所以你在工作中遇到问题想要找他帮忙。

当对方跟你分享一件让他感到自豪的事情时，你需要给予回应，不能简单地说"你好厉害啊""你很棒啊"之类的话。这样只会让对方觉得你在敷衍他，长此以往，他想跟你分享的事情就会越来越少。

高情绪价值不仅仅体现在当对方有负面情绪的时候你知道应该如何回应，也体现在当对方有积极的情绪时，你知道应该如何放大这种情绪。

你需要表达爱，更要懂得回应爱

在两性交往的过程中，很多事情你不说我不说，大家慢慢就会渐行渐远。

我的前男友是一个情绪价值特别高的人，每到特殊节日他都会很有仪式感地送礼物，带我去餐厅吃饭。更重要的是，他特别会写情书，让我看了之后潸然泪下，深深地感觉自己是被爱着的。我也是跟他在一起之后，才知道原来爱还可以用这种方式表达出来。小时候我妈妈对我表达的爱，就是为我默默地付出一切，什么都不说。但是当我体验了能听到的爱之后，我也开始慢慢学会表达自己的爱。

实际上，无论是表达爱，还是回应对方对你的爱，都是高情绪价值的体现,这种方式会让你全身心地感受到爱。

没有回应的爱,是不会长久的

Cici 说自己开始一段恋爱很容易,但是很难深入进行一段恋爱,也很难长久地维持一段恋爱。不是她对男朋友有诸多不满,就是男朋友对她有诸多不满。就好像受到了诅咒一样,通常不出 3 个月就会分手。

在恋爱的过程中,她总是没有心跳加速的感觉,也没有非这个人不可的感觉。对方有一点小瑕疵,她都会觉得难以接受。

之前她觉得也许换一个人就好了,但是她今年 32 岁,已经换了 17 个男朋友,仍然不能脱离恋爱不超过 3 个月的魔咒。

她问我,这究竟是为什么?

在她描述恋爱细节的过程中,我发现她有很多情绪价值方面的问题,导致她的恋爱总是不顺畅。

有一次,男朋友亲手给她做了银耳百合汤,送到她的公司。

男朋友:"我亲手给你做的银耳百合汤哦。"

她把银耳百合汤拿过来,打开盖子看了看,一脸嫌弃地跟男朋友说:"这个都坨了,我不想吃。"

男朋友:"我长这么大,从来没有给别人做过汤,这是第一次。"

她:"我看出来了,要不怎么都坨了呢?"

男朋友:"我做了很久的,你要不要试试?"

她:"不要了吧……"

男朋友:"那我走了,你上班吧。"

她:"好的。"

从那天之后,男朋友跟她联系的次数越来越少,而她也没觉得自己多喜欢这个人,不会经常主动联系,两个人最后就分手了。她的每一段恋爱都会像这样,无疾而终。

这是为什么呢?因为爱要说出来,你不说谁会知道呢?Cici说:"可我真的没有多喜欢他,我能怎么说呢?"

我:"那你看到你男朋友为你送了银耳百合汤,你不会完全无动于衷吧。"

Cici:"那当然不会了,还是有一点点感动的,如果他做得好吃,我想我会很高兴地吃掉。可那个银耳百合汤都坨了,我真的喝不下去。"

我:"我现在都能感受到你对银耳百合汤的嫌弃,估计你在你的男朋友面前这种嫌弃只会多不会少吧?"

她:"应该是吧,我没注意。"

我:"问题来了,你的那一点点感动完全被嫌弃的情绪盖住了。你的男朋友只能感受到你对他深深的嫌弃,完全没有感觉到那些感动,对不对?你从头到尾都没有表达过。"

她:"好像是的。"

爱是需要回应的,那一点点感动也是需要说出来的。就像你养了一盆很喜欢的花,刚开始每天给它浇水,希望它快快长大,可是在你精心呵护它一个月之后,它还是没有任何反应,跟刚买回来时一样,那你还会对这株植物热情如初吗?事实上,无论你多喜欢它,这种喜欢都会在没有回应的状态下慢慢消耗殆尽。

我:"你不说出来,你的男朋友就不知道。费了半天劲做的银耳百合汤,女朋友不仅不领情,还一脸嫌弃,如果是你的话,你还会再做类似的事情吗?"

她:"应该不会了。那我当时应该怎么说呢?"

男朋友:"我亲手给你做的银耳百合汤哦。"

Cici:"哇,厉害呀,还会做银耳百合汤啊!"

男朋友:"当然啦!"

Cici:"你应该没给别人做过吧,这看起来一大坨的。虽然卖相不怎么样,但是这里面充满了你对我的爱。"

男朋友搓搓手，一副很害羞的样子，低着头不知道说什么。

Cici："你的爱我收下了，我还得开会，我拿上去吃。顺便跟我们组的人显摆显摆，看看我这男朋友找的，气死她们。哈哈哈，爱你呦。"

男朋友："那我走了，你上班吧。你要是喜欢，我下次还给你做。"

你男朋友对你表达的爱，你给予了回应。这种回应会让你们的感情逐渐加深。没有两个人的感情是天生就好的，都是在日常琐事中，我表达对你的爱，你回应对我的爱，两个人的感情一步一步加深。他对你表达的爱，你不去回应，那你们的感情到这个程度也就到此为止了。

我没有变，只是你不需要我表达爱

不仅仅是在恋爱中需要表达爱、回应爱，在婚姻中也是一样的。不要觉得"都老夫老妻了，谁不知道谁啊"。就算再熟悉，你也需要表达爱、回应爱。感情是需要经营的，你对它放任不管，它就会自生自灭，而你却说"他变了"？任何人在得不到回应的感情中，都会逐渐收起自己的爱。

妻子过生日，丈夫背着妻子准备了一桌饭菜，还有蛋糕、红酒、蜡烛、鲜花。一切准备妥当之后，丈夫满心欢喜地等妻子回来共进烛光晚餐。

气氛如此浪漫，可妻子进门看到后，脸色立刻就变了。

她没有丈夫想象中的惊喜表情，而是说："你干吗这么浪费钱啊？买花干吗啊，过几天就蔫儿了，还有这红酒、蛋糕，太浪费了吧！"

丈夫本来准备好的浪漫情话，还没来得及说出口，就咽了回去！

于是晚饭只能在沉默中吃了。

如果你是这个丈夫，以后你还会给妻子制造浪漫吗？大概率不会了，因为你觉得这样做妻子会不高兴。也许5年后的一天妻子会说："你变了，以前你经常给我买花，还带我去吃烛光晚餐。现在我过生日你恨不得送我两棵大白菜。"

你说这个丈夫冤不冤？花已经买了，红酒和蜡烛也都准备好了，本来想跟老婆好好庆祝，哄她高兴，结果被骂一顿。之后不这么做了，还是会被妻子埋怨。

如果我是这个妻子，回到家看到老公准备的这些，我首先会给他一个大大的拥抱，然后说："是不是做了什么对不起我的事啊,这样卖力哄我开心?"

老公:"今天是你的生日。"

我:"感谢天,感谢地,感谢上天赐我一个如此浪漫的老公。"

老公:"你就贫吧。"

我:"我这是在表达我对你的爱,你没收到吗?这一大束玫瑰,也太好看了吧,得多少钱啊?"

老公:"好看就行。虽然结婚之后也没让你过上好日子,但一束玫瑰我还是送得起的。"

我:"那你可得记住了,每年生日,都要按照这个规格置办哦。"

如果妻子这样说,我相信老公在每年妻子生日时,都会努力为妻子准备这些。爱要表达出来,这样经营的感情才会越来越好。相反,两个人的感情就算再好,如果疏于表达,感情也就慢慢淡了。

引导对方把爱说出来

当你知道爱需要表达、需要回应的时候,你也要引导对方这样做。感情是双向的,不是你一个人的独角戏。

南溪离婚，有个8岁的儿子。现任男朋友比她小8岁，两个人感情好的时候特别好，不好的时候，吵起架来也很伤感情。南溪最头疼的就是如果她不接电话，这个小男朋友会一直打她的电话，等南溪回过去之后，两个人就会大吵一架。比如有一次她在辅导儿子写作业，男朋友的电话打了进来。第一个电话南溪挂掉了，男朋友继续打，打到第五个，南溪实在受不了就接通电话说："我在辅导孩子写作业，写完给你回过去。"

一小时之后，南溪把电话打了回去。

男朋友："你还知道给我回电话啊。"

南溪："你怎么说话的，我刚辅导完作业就给你回过来了。"

男朋友："我怎么知道你是不是在辅导作业，万一是在做别的呢？"

南溪："你怎么说话呢？"

男朋友："我说的就是实话啊。"

接着两个人就开始吵架……

南溪："老师我真的无语了，我除了给孩子辅导作业，还能干什么啊？他也太不相信我了。"

我："估计你在他心里貌美如花，所有男人看到你都会为你倾倒。"

南溪:"老师你可别笑话我了,我这都多大了,还貌美如花呢。"

我:"你这男朋友应该特别喜欢你吧,要么怎么看你看得这么紧啊。"

南溪:"我不知道,他从来没有表达过。我只知道我不接电话他就生气。"

我:"你每次不接电话,他都会有强烈的不安全感,他怕有别的男人喜欢你,他怕你的前夫回来找你,所以在你面前他就像一个小刺猬一样,只要你不接电话,他就会有各种想象。我猜他应该很爱你,不过你们再这样争吵下去,感情早晚会破裂。"

南溪:"那我应该怎么办呢?"

我:"你应该引导他把对你的爱表达出来,当你知道他有多爱你之后,我相信你会给予他回应,而这种回应会让他产生安全感。有了这种安全感,他就不会在你不接电话的时候炸毛了。"

南溪:"那我应该怎样引导呢?"

> 男朋友:"你还知道给我回电话啊。"
>
> 南溪:"我刚辅导完作业就给你回过来了,连水都没来得及喝一口呢。"
>
> 男朋友:"我怎么知道你是不是在辅导作业,万一是在做别的呢?"
>
> 南溪:"你是不是特别爱我?"

男朋友:"还行吧。"

南溪:"你可得了吧,你要是没有特别爱我,为什么我不接电话,你就觉得我是跟别人约会去了?也就是你把我当个宝,其他男人才没有兴趣跟你抢我呢。再说了,就算有人要抢,他们也抢不过你,我多喜欢你啊。"

男朋友:"就你话多。"

南溪:"来嘛,说说你有多爱我。"

男朋友:"我要睡觉了。"

南溪:"不许睡觉,你得说10遍'我爱你',要不我就不理你了。"

当你的男朋友对你说了10遍"我爱你"时,你能没有感觉吗?不会的。他能没有感觉吗?不会的。只有当你们之间的爱表达出来之后,你们的感情才会越来越好。

无论是表达爱还是回应爱,抑或是引导对方说出爱,都是高情绪价值的表现形式。很多人已经习惯了用行动来表达爱,但是当你把心中的爱说出来之后,不仅你自己,对方也会有一种很神奇的感受。

别把高兴变扫兴，你要学会放大高兴

在生活中，积极的情绪有很多种，比如自豪、亢奋、喜悦、幸福等。但是，人的情绪是复杂的，通常这些情绪会交织在一起。我们可以简单地把情绪分为高兴和不高兴两种进行回应。当对方不高兴的时候，我们需要转化这些负面情绪。当对方有高兴的事情时，我们又应该如何回应呢？

高兴还是扫兴，如何回应是关键

高兴的感觉可以通过你的回应被放大，也可以因为你的回应而变得扫兴。

美美的男朋友要接受媒体采访,让她帮忙准备衣服。

美美:"哎哟,是什么类型的采访啊,电视媒体还是自媒体啊,需不需要出镜,我看看怎么给你准备衣服啊。"

男朋友:"就是创投圈的媒体,可能需要拍照。"

美美:"我还以为是电视台的采访呢,还需要准备衣服。"

男朋友:"你要是不想准备可以不准备,不用阴阳怪气地说话。"

美美:"哦,好的,那我不说话了。"

明明是一件值得高兴的事,结果却变成这样。

我问美美:"你不觉得这是一件值得高兴的事情吗?"

美美说:"还好吧,又不是第一次接受采访,还让我准备衣服,我只是就事论事地说以为是电视台,他就说我阴阳怪气。和这样的人真是没有办法交流。"

生活中的一些事情,没有绝对的好或者坏。但你的情绪是主观的,你认为这是一件好事,那它可能就是一件好事,你会因为这件事高兴很久。你如果觉得这就是一件普通的事情,不好也不坏,你的心情可能也不会因为这件事而有所起伏。如果你觉得这是一件坏事,那你可能因为这件事产生负面情绪。这就是王阳明所说的"心外无物"。你的心之外是没有世界的,世界是你构建出来的。其实这个世界只是一个显示器,你的心是什么样子的,你看到的世界就会是什么样子的。

对于美美来说,男朋友接受采访的事情是个中性事件,不高兴也不难过。如果我们用"努力的过程+对比+感受"的公式进行对话,两个人的感觉会不会不一样呢?

美美:"哎哟,是什么类型的采访啊,电视媒体还是自媒体啊,需不需要出镜,我看看怎么给你准备衣服啊。"

男朋友:"就是创投圈的媒体,可能需要拍照。"

美美:"厉害啊,创投圈的采访,是不是你那个项目拿到融资了?"

男朋友:"对啊,拿到的钱虽然不算多,但有了他们,后面的融资就不用费劲了。"

美美:"那你不早说,咱们出去庆祝一下啊。"

男朋友:"又没创业成功,有什么好庆祝的。"

美美:"你看你,这也是你创业的一个里程碑好不好。现在是资本寒冬,其他公司裁员都来不及,你能拿到钱已经很好了。"

男朋友:"你这是在夸我吗?"

美美:"我夸你半天了,你才发现吗?"

男朋友:"那我挺高兴的。"

美美:"接下来我准备节衣缩食了,你创业不容易,万一资金链出现什么问题,我多少能帮点忙。"

男朋友:"你就不能盼我点好。"

美美:"我是盼着你好呀,可万一你要是不行,我除了摇旗呐喊,替你加油,还能来点实际的帮帮你,多好。我们是一体的,你好我才能好。"

我相信美美的男朋友听到这样的话,一定会既感动又高兴。看起来普通的事件,如果我们把它当成一件高兴的事去对待,那么这件事就会产生正向的情绪。

在这段话术里,我在"努力的过程+对比+感受"公式的基础上进行了延伸应用。公式的应用实际上是百变的,不一定要按部就班,像这样分段进行并简单延伸会有很好的效果。

他做了让你高兴的事,你应该如何回应

老公为了哄你开心,做了一件事。他做完很高兴地跑到你旁边邀功,但你除了说"谢谢"之外,并不知道应该说什么。这样的回应会让你老公觉得你不是很高兴,下次他可能就不愿意去做哄你开心的事了。

小娜看好一款包,但很多专柜都断货了。晚上吃

饭的时候，她无意间跟老公提到此事，并流露出失望的情绪。小娜的老公马上着手开始帮助小娜找这款包。半个月后，小娜的老公成功地买到了这款包，并在带小娜出去吃饭的时候，送给小娜。本来以为小娜会非常开心，结果小娜只是简单地说了声"谢谢"，并没有表现出她有多高兴。

经过这件事，小娜的老公可能会想，以后再也不送礼物了，那么费劲就换来一句"谢谢"。有时候不是对方不送你礼物，是因为送你礼物之后，没有感受到你的高兴，他就没有什么动力继续送你礼物了。收了礼物之后一句简单的"谢谢"肯定是不够的。

雯雯和她老公很喜欢听音乐会，最近有一个乐团到他们的城市巡演，但是票特别难买。正当雯雯很失落，认为可能要和这场音乐会失之交臂的时候，老公下班回家给了雯雯两张她心心念念的音乐会门票，并对她说："老婆，我弄到了两张你最喜欢的音乐会门票，我们一起去，你开不开心。"

如果你是雯雯，拿到票之后除了说"开心，谢谢"，你还应该说什么呢？

雯雯:"真的吗?天哪,你太厉害了,你怎么弄到的呀,这么难弄的票都能被你抢到手。(努力的过程)

"我朋友比我还期待这场音乐会呢,她想尽办法都没弄到票,还是你有办法。(对比)

"那下次要是再有我想看的演出,我是不是得提前给你这个万能又贴心的老公打个招呼,让你帮我搞定呀。"(感受)

这样回应是不是比干巴巴的"开心"或者"谢谢"好多了?对老公或男朋友为了努力哄你高兴而做的事情,你一定要放大无数倍去夸奖。在儿童心理学中,这叫正面管教,你越是希望他做某件事情,就越要在他做了之后去赞美他。时间长了,他自然会做你希望他做的事。

对方跟你分享他的兴趣爱好，你要这样回应

为什么共同话题越来越少

生物属性上决定了男生和女生的兴趣爱好不一样，比如，小时候，女生更喜欢娃娃，男生更喜欢奥特曼，女生更爱玩过家家游戏，男生更爱玩打仗游戏；长大之后女生更喜欢逛街、购物，男生更喜欢玩网络游戏、打球。

男生和女生刚开始恋爱的时候，也许彼此会觉得有很多相同的兴趣爱好，比如两个人都喜欢看某种类型的电影、看某个作家的书，这些兴趣爱好会让两人有聊不完的话题。但随着交往的时间变长，这些话题也聊了很多次，彼此慢慢地就没有话

题了。

感情的经营，有时只需多说一句话

绾绾刚在商场抢购了两支口红，这两个颜色特别难抢，她预约了很久才买到。

回到家之后，绾绾开心地跟老公说："你看我新买的口红好不好看？"

老公正在玩游戏，头都没抬就说好看，绾绾气得揪着老公的耳朵说："你看都没看，就说好看，你就是敷衍我。"

老公："我觉得你涂哪个都好看，别闹了，我玩游戏呢。"

绾绾："游戏，游戏，游戏，你当初就应该娶游戏，你娶我干什么。"说着上手就把老公的游戏机电源拔掉了。

结果，两个人不可避免地大吵一架。

绾绾只是买到了心头好，想跟老公分享，而老公看也不看的态度伤害了绾绾。实际上，老公只需要在绾绾问他的时候，抬起头注视绾绾10秒，并由衷地称赞一下就可以了。前后用时不超过1分钟，就可以把老婆哄得开开心心的，何乐而不为呢？

夫妻感情是需要经营的，有的时候真的只是需要一句话而已。

"不走心"地夸几句，就能让对方开心半天

通常，女人更爱分享，而男人更爱沉默，所以女人更愿意跟男人分享自己的兴趣爱好，而很多时候男人是不愿意和女人分享自己的兴趣爱好的，只有当女人主动询问时，男人才会分享。因为很多男人会觉得女人对自己的爱好不感兴趣，所以不会主动跟女人分享。

我老公特别喜欢摆弄投影仪和音响，家里的家庭影院时不时就会被他倒腾一下。一次我们在看电影，他跟我说："你看这个是 4K 的，演员皮肤上的毛孔都能看到。"我说："我看的是电影，看演员毛孔干什么？"

从此之后，他倒腾家庭影院之类的事情，再也不跟我说了。后来我觉得那样是不对的，有一次我看电影的时候说："咦，这个清晰度好像不太高呀。"我老公说："哎哟，你还挺讲究呀！这个是 1080P 的，不是 4K 的。"接着我就问他这个为什么不是 4K，他跟我讲了很多，我也没听懂，然后我若有所思地说："你还挺厉害的。"得到了夸奖，他就跟打了鸡血一样，开始滔滔不绝地跟我说他的那些设备，我就象征性地不断点头，"嗯嗯啊

啊"。由于得到了我的积极回应,他说得特别起劲,眉飞色舞的。

从那之后我就发现,对于男人的兴趣爱好,女人随便问问,让男人有个借口可以跟你显摆一下,他就会特别开心。而且当男人在说自己喜欢的事情时,会特别亢奋,说得特别激动。女人是否听懂,并不重要,只要他抬头的时候,你看着他,并很感兴趣地问几个问题,适时地夸夸他,就可以了。

夫妻感情需要经营,你哄哄老公就能让他高兴半天,何乐而不为呢?这就是高情绪价值的魅力,让你毫不费力,就能让老公高兴起来。同样,在妻子跟丈夫炫耀新买的口红、裙子、化妆品的时候,丈夫抬起头看看妻子,"不走心"地夸上几句,妻子也会很开心。100个行动,有时不如一句高情绪价值的话。

积极情绪应对工具表

有一次我的女儿茜茜跟我说:"妈妈,我长大之后不要生孩子。"

我:"为什么啊?"

茜茜:"我补蛀牙都这么疼,生孩子一定很疼。"

我:"生你是挺疼的,不过你给我带来了很多快乐啊。"

茜茜:"那生孩子就是疼并快乐?"

我:"可以这么理解,那你以后还生孩子吗?"

茜茜:"那我考虑一下,我要是能找到一个可以生孩子的老公就好了,这样我就只快乐不疼了。"

人类的情绪多种多样,人在面临很多事情时,往往会有几种情绪交织在一起,你只需选出让你此时此刻感受最强烈的情绪就可以了。

人的情绪非常有意思,细细揣摩,你就会发现其中的奥秘。我总结了一些典型的积极情绪,以及当人在产生这些情绪时,内心的需求是什么,希望获得别人怎样的应对(见表2)。

表2 积极情绪应对工具表

积极情绪	需求	应对
喜悦	分享	倾听、关注
感激	回馈	接受
兴趣	探索未知的神秘	支持、鼓励
希望	目标	支持、鼓励
激励	勇气、信心	鼓励、赞美
自豪	分享、炫耀	赞美、庆祝、呼应
逗趣	有趣	分享
敬佩	接纳、吸收	鼓励
爱	在乎	回应
浪漫	激动	承诺
满意	欣慰	再接再厉
兴奋	分享	回应、鼓励
欣赏	分享	回应、赞美
崇拜	榜样	接纳、回应
渴望	得到	理性分析
快乐	分享	理解、庆祝
满足	分享、理解	理解、陪伴

以喜悦这个情绪为例,当对方跟你分享他的兴趣爱好时,他的情绪是喜悦的,他的心理需求是分享。你可以理解为当他的情绪是喜悦时,他的分享欲望会格外强烈。就好像你买到了梦寐以求的口红,想要告诉闺蜜,回到家也想涂上,让老公夸夸你,你的这种需求就是分享。这个时候,你需要对方关注你,比如你涂好了口红,希望老公看看你、夸夸你。但如果他能问你"你是怎么买到的",听一下你获得口红的经历,你自然会更高兴。

有人说,喜悦、快乐、兴奋,不都是高兴的情绪吗?如果仔细揣摩,你会发现实际上它们之间是有区别的。比如,你买了喜欢的口红是喜悦,你希望别人对你涂了新的口红有关注;你的工作通过3个月的努力有了突破性的进展是兴奋,你希望别人看到你的努力,赞许你的成绩。

> 绿子的大姨中风,绿子的妈妈和小姨轮流照顾大姨。周末绿子去康复中心接妈妈回家,看到大姨已经可以扶着把杆走几步,特别高兴,并跟妈妈说:"你把大姨照顾得真好。"

绿子的妈妈这时候一定是高兴的。那么,具体是什么类型的高兴?她的心理需求是什么?希望别人如何应对?

绿子的妈妈这时候的情绪有欣慰,因为在自己和妹妹的悉心照料下,姐姐正在逐步恢复健康。此时她的心理需求是倾诉,因为在照顾中风病人的时候会遇到各种各样的问题,所以这时候绿子可以问:"你是怎么照顾姨妈的,让她恢复得这么好?"除了倾诉之外,绿子的妈妈更需要看到希望,她希望自己的姐姐可以像以前一样生活,希望以后还可以和姐姐一起出去旅行,等等。因此,绿子还需要通过理性分析告诉妈妈,大姨康复的希望是非常大的。

▲ 积极情绪练习 ▲

● 练习 ●

经过一年的努力，男生终于拿到了一个特别好的 offer，跟你分享后，你应该怎么回应？

首先要判断男生的情绪，然后根据他产生这种情绪时的心理需求来组织自己的话术。如果你觉得这件事发生在你男朋友身上，你不太会回应，你可以用目标拆解法来进行拆解。

● 知识链接：目标拆解法 ●

目标拆解法，帮助你快速行动起来

让你看一本新书，你可能没有压力，让你听一门网络课程，你也不会有太大的压力。但是让你把长发剪短或换一种风格的着装，或者让你重新学一门语言，你可能都会觉得有压力，很难进行。

我们都喜欢待在自己的舒适圈中。头发剪短不好看怎么办？穿新风格的衣服，别人会怎么看我？新的语言，我学不会怎么办？这些改变可能会打破我们固有的舒适圈，因而我们总是瞻前顾后,怕"结果不好"。所以对很多想法都只是想想,很少付出实际行动去做点什么。于是我们不断地安慰自己:顺其自然吧,大家不是都这样吗?那个本应该光芒万丈的你,就这样被瞻前顾后埋没在人群之中。

目标拆解法的基本原理是,把目标拆解为一个个你相对不那么费力就能完成的阶段目标,让你实现目标的过程变得容易,让你觉得行动起来没有那么难,所有事情都变得简单些,容易上手。

我希望你从现在开始,给自己以光芒。

为什么我们总是学不会

我们在学习新知识时特别容易犯一个错误:总是企图让自己一口气吃成大胖子。学习是一个过程,任何事情都需要循序渐进才能看到效果。

你希望通过这一本书,就完全掌握"情绪回应"这个技能。这个目标不是说不可能实现,因为每个班都会有学霸,当然也会有学渣,有些人一点就通,有些人欠缺太多,可能需要反复斟酌、反复练习才能学会。

有些人看完书感觉自己学会了,可是一用就觉得自己什么都不会,这时候就会产生焦虑、烦躁等情绪,觉得自己什么都学不好,也不想学。

一旦觉得自己付出了努力，但效果与自己预想的不一样，整个人就容易变得情绪暴躁，破罐子破摔，认为"反正我也学不会，我的人生就这样，顺其自然吧，别人也不见得就比我强多少"。

为什么会出现这样的情况？这就是你给自己设限了，你觉得"我就是这样了，我就是使劲学也学不会，要不别学了吧"。其实，并不是你学不会，而是因为你把目标设得太大、太空了，不好落地执行。比如：

你刚学会"excuse me"，明天就想和老外对话，这个目标就太大、太空了。

你看了一遍王羲之的《兰亭序》，回家拿起笔就想写出与王羲之一模一样的书法，这个目标就太大、太空了。

你刚开始炒股，就想跟巴菲特一样每年都赚大钱，这个目标就太大、太空了。

你把目标定得过大、过空，它就很难实现，目标实现不了，你就容易丧失信心，丧失斗志，进入一种恶性循环状态。

目标拆解法真的有这么神奇

目标拆解法，即把一个大的目标拆分成多个小目标。具体拆成多少个小目标，要视你的能力而定。有的人拆成 3 个小目标能完成，那就拆成 3 个小目标；有的人可能需要拆成 10 个小目标才能完成，那就拆成 10 个目标。

有一次思彤看到电视上有女生写毛笔字，觉得特别有气质，第二天自己买了笔墨纸砚回家研究，练了一周毫无进展，决定放弃。之后她跟我说写了一周的毛笔字，只有一个收获——我真的没想到我这么笨。

我对她说用目标拆解法，就会觉得简单多了。

第一步：买一本笔画字帖，别着急写字，先把笔画练好。

第二步：写简单的字，别上来就临摹王羲之的《兰亭序》，这样只会让你失去信心。

第三步：尝试写文字简单的诗，哪个字写得特别难看，再专门练习。

用这样的方法学习新知识，你每天都会感觉到自己的进步，也会越学越有意思。

在这次练习中，我们可以运用目标拆解法，将目标拆解为：

第一步：你拿到了一份特别好的 offer，跟你的闺蜜分享，这时候你的情绪是什么状态，你希望听到闺蜜跟你说什么？

第二步：你的表姐拿到了一份特别好的 offer 跟你分享，你会怎么回应？

第三步：经过一年的努力，男朋友终于拿到了一个特别好的 offer，他跟你分享，你应该怎么回应？

温馨提示：先试着自己做，然后参考附录，修正你的做法。

04
为什么你听到的不是他要表达的

你只是以为自己听懂了

丧偶式婚姻，直白地说，就是在婚姻生活中，老公什么都不干，两个人也基本上没有什么交流和沟通，有老公和没老公没什么区别。还有一个名词叫育儿式婚姻，即在婚姻生活中，把老公当儿子养，在家里他不仅仅什么都不干，还需要你照顾。有的人担心自己的婚姻也会出现这样的问题，所以不愿意结婚，但是内心又渴望婚姻，一看到别人有家有孩子，也觉得自己很孤单寂寞，到了一定的年龄还会突然害怕和恐慌。由于这种害怕和恐慌，忽略了自己还没有能力解决丧偶式婚姻、育儿式婚姻的问题，就赶紧找一个人嫁了。这样匆忙的选择，有可能导致自己的婚姻成为丧偶式婚姻、育儿式婚姻。

丧偶式婚姻的罪魁祸首——话不投机半句多

丧偶式婚姻和育儿式婚姻中，都存在沟通问题。刚开始恋爱时，两个人如胶似漆，什么事情都分享，无话不谈，有说不完的话，但是慢慢地时间长了，两个人就变得无话可说，话不投机半句多。

比如当老公心情不好的时候，你只会问："今天看你心情不好，有什么事能跟我聊聊吗？"而你老公不耐烦地说："唉，跟你说了你也不懂，你让我自己静静。"这时候你十分气愤："你什么都不跟我说，你怎么知道我不懂。"最终两个人大吵一架。

为什么会出现这样的问题呢？男人觉得你不理解他，也不想费口舌继续跟你沟通，因为他认为跟你说没用，觉得跟你说完，他的心情也不会有什么好转。这就是丧偶式婚姻的开始——一方认为自己说话对方听不懂，慢慢地沟通就变少了。

你可能会觉得"我怎么就听不懂他说话了，是他没有说啊"。在日常生活中，有的人往往站在自己的既有认知上去理解别人，只顾自己说话，只想表达自己，只想让别人知道自己是怎么想的，而总是忽略对方想表达什么。比如：他说蛤蟆难看，你说田鸡腿好吃，看似是在说一件事情，其实说的大相径庭；你跟他说少抽烟（不健康），他说他压力大（要放松），永远是平行线，看似同方向前进，实则永远没有相交点。

关闭第一聆听，你才能真正听懂对方说什么

卡耐基说："一对灵巧的耳朵胜过十张能说会道的嘴。"

这里所说的第一聆听是指个人化、自动化聆听。通过第一聆听，我们接收到的内容通常基于我们自己的想法、感受，或者自己对对方话语的理解。也就是说，虽然入我们耳的是对方的话，但是我们并不能真正听到对方想表达什么，听到的通常是自己先前已有的看法。

Sasa下班回家高兴地跟老公说："我想买一条白色的裙子……"Sasa话还没说完，她老公就说："你柜子里的裙子已经有很多了，为什么还要买？家里已经放不下你的裙子了，如果还是想买，你就把你现在的裙子扔掉一些，或者送给别人一些吧。"

Sasa话还没说完，就被老公堵得不想再继续说下去。实际上Sasa是要给女儿买一条白色的裙子，因为女儿进入了声乐比赛总决赛，决赛要求穿白色裙子，可是女儿的白色裙子都已经小了，需要再买一条新的。

Sasa老公就是站在自己既有的认知上去听Sasa说的话。有时候对方还没有说完，我们就已经先做出判断。不管对方接下来说什么，我们都会认为我们所想的就是对方要表达的。所以

我们需要关闭第一聆听，消除既有认知，时刻保持空瓶状态，去听对方到底在说什么。

开启第一聆听等于关闭了双向交流

如果你的第一聆听处于开启状态，你会感觉别人刚说一句话你就全都懂了，认为自己的理解力超强。但你真的懂了吗？也许你只是以为你懂了，然后按照你的既有认知进行判断和回复，这与一个人在自说自话有区别吗？没有。所以，这在无形中关闭了我们双向交流的通道。

拿破仑检阅自己的军队时喜欢单独跟某个士兵对话，但通常因为时间紧，他几乎只按顺序问3个简单刻板的问题：

1. 你多大了？
2. 你参加我的部队几年了？
3. 我指挥的两次大战中，你参加过哪一次？

有一次，拿破仑检阅的军队里有一个不太懂法语的士兵。这个士兵的同伴告诉他：如果拿破仑问你这3个问题的时候，不管你听不听得懂，你这么回答就对了。

第 1 个问题，你回答"25（我今年 25 岁）"。

第 2 个问题，你回答"3(我参加这支部队 3 年了)"。

第 3 个问题，你回答"都有（两次大战都参加过）"。

拿破仑检阅部队的时候果然问到了这个士兵，但是这一次，他把问题的顺序颠倒了——

拿破仑第 1 个问题是："你加入我的部队多长时间了？"

士兵："25。"

拿破仑："25 年？"（拿破仑心想我的部队都没有 25 年……

拿破仑再问："那你多大了？"

士兵："3。"

拿破仑吃惊："是你疯了还是我疯了？"

士兵："都有（两个都疯了）！"

这虽然是一个笑话，但很生动地体现了什么是关闭双向交流，它呈现的是自动播放状态。所谓"播放"就是用既成的、固定的认知应对复杂的、不断变化的世界。在这样的状态下交流，无论对方说什么，我都有自己的一套判断标准，不做任何改变。

两个人的"独角戏"让你们不再亲密无间

朱迪和男朋友王涛平时工作很忙,两个人一周约会一次,相处了3年多。朱迪最近在工作上遇到一个难题要请王涛帮忙,但王涛最近的工作也是一团乱。周末两个人约好在餐厅吃饭,见面之后朱迪就不停地跟王涛说自己最近遇到的问题,也不管王涛在说什么,只顾说自己的问题,想让王涛帮忙解决。而最近王涛的哥哥和嫂嫂带着孩子来旅游,住在王涛家,公司也有一堆事情等着处理,于是两个人的对话就变成了这样。

朱迪:"我们公司新来了一个大的客户经理,专门挖别人手里的客户。有一个客户我都跟了两年,上周我发现他在联系我的这个客户。你说我怎么办?要不要下周抽时间去客户公司拜访一下啊?"

王涛:"我哥和我嫂子在我家,我那儿本来就不大,他们还带着孩子,吵得要命。有时候我把工作带回家都没法做。我那个侄子就在床上一直蹦蹦跳跳,一刻也停不下来。"

朱迪:"之前这个客户就一直在回款上跟我'打游击',我要是主动去拜访他们,他们会不会认为我妥协了,同意他们要求的回款时间?"

王涛:"我觉得我现在严重睡眠不足,要不我去酒店住几天得了,我哥他们再玩几天估计也就回去了。"

朱迪:"我说话你听没听啊!"

王涛:"听着呢,听着呢。"

看到这段对话,你可能会觉得,生活中怎么可能会出现这种情况。当你真的陷入自己的既有认知时,你自己都不会发现自己和伴侣的沟通状态竟然是这样的。因为你完全沉浸在自己的播放状态中,听不到外界的声音。当你们结束沟通回家之后,你会开始抱怨,对方真的是一点用都没有,你遇到麻烦了,他一点忙也帮不上。实际上是对方帮不上忙吗?不是的,只是你和对方都沉浸在自己的播放状态中,根本不知道对方都说了什么,也不知道自己说的对方有没有听到,只认为结果是对方帮不上忙。

每个人都只想表达自己,只想让对方安慰自己,像不像"独角戏"?原本亲密无间的关系,因为自动播放状态变得不再亲密。这种沟通方式只会让两个人越走越远。

FFN 倾听模型帮你摆脱两个人的"独角戏"

倾听的 3 个层次,一个都不能少

有时候你以为你听懂了,但你真的没有听懂。比如对方问你"干吗呢",你可能会回答"在吃饭""在工作""在逛街"等。但你有没有想过,对方在问你这句话的时候,他的情绪如何?是高兴的还是沮丧的?他在问你这句话的时候,他的需求又是什么?是看你忙不忙,能不能陪他聊天,还是想你了,想跟你说说话?或是他想约你吃饭?你可能从来没有思考过一句"干吗呢"背后的意义究竟是什么,所以你真的听懂他在说什么了吗?

你的听懂了，也许只是听懂了第一个层次的事实。对方问你"干吗呢"，你回答"我在吃饭"是事实，回答"我在工作"也是事实。你听懂的只是事实，回复的也只能是事实。实际上，一句话会有至少3个层次。

■ 第一层：事实（fact）

倾听的第一层是以自我为中心的倾听，看起来像是在倾听对方，而实际上并不关注对方，只顾说出自己的观点和标准。比如，对方问你"在干吗"，你回复"在吃饭"。这就是只停留在第一层次的倾听，即只能听到事实。第一层是我们看到、听到、闻到的，是通过感官直接获取的信息，我们称之为"事实的层面"。倾听事实是指不用自己的想法和固有的观念对对方的话进行评判，客观地接受对方谈话中的信息，努力把握对方谈话中的客观事实，不带偏见地看问题。

■ 第二层：情绪（feeling）

倾听的第二层是以对方为中心，持中立的、好奇的、关注的、尊重的态度或是感受，在与对方沟通的时候及时反馈并做总结。感受层面比事实层面更深入一些。倾听情绪是在倾听事实的同时，通过语音、语调乃至肢体语言，接受别人情绪的信息。比如，他问你"在干吗"，你听到的是他说这句话的情绪是低落的、高兴的，还是其他什么样的。然后根据提问者的情绪回复。

■ 第三层，需求（need）

倾听的第三层是深度倾听，倾听对方的需求、价值观和动机，透过行为的表象听到对方内心的声音，通过对方表达出来的信息，判断他内心真正想要的是什么。当对方问"你在干吗"时，你不仅能听到事实和情绪，还可以感受到他希望你做什么。比如你听出了对方"我现在情绪不好，你能陪我出去玩吗"的意思，这个时候你回复"我们去打球好不好"，对方就会觉得你很懂他。

用 FFN 模型倾听彼此的心声

在两性关系中，我们可以用 FFN 模型来倾听彼此的心声，做一个真正懂得对方、了解对方的人。

S 在工作上有一些郁闷，就跟老公抱怨一个领导。S 老公的回应是："你以前也这样说过你原来公司的领导，你自己没有问题吗？工作就是工作，能不能别这么理想化和情绪化？"其实 S 当时只是想找一个听众，清理一下内心的垃圾，疏解一下情绪。一肚子的郁闷没有找到出口，反而被指责和讲道理怼了回来，此时 S 更郁闷了。

显然，S 老公当时处于倾听第一层——以自我为中心的倾听。

看起来像在听 S 说话，实际上他并没有关注 S，只顾讲出自己的观点和标准，甚至想借这个机会教育一下 S。

假如 S 老公当时不是以自我为中心，而是上升到倾听的第二层——保持中立、好奇、关注和尊重，就会对 S 说："听起来你和你的领导在很多方面有不同的意见，说一说具体发生了什么？"那么 S 的感受是不是有很大的不同？老公这么说了，S 肯定会竹筒倒豆子，随着畅快地表达，情绪也就疏解了。

假如 S 的老公上升到倾听的第三层，能够透过行为层面的表象，听到 S 的需求、价值观和动机，然后回应 S："你这么有责任心，处处都为了公司的利益考虑，提了这么好的建议，却没有被重视和采纳，你很失望也很气愤吧？"如果你是 S，此时会不会感叹"他听到了我的心声"？

听懂之后，付诸行动

通过 FFN 倾听模型，我们听出了对方表达的事实、情绪和需求。那么，听懂之后，该怎么做？也就是说，当你感受到对方的正面情绪或负面情绪时，你应该分别如何回应？

老公的工作取得了重大突破，回家跟你分享这个好消息时，你回应说："好棒啊，你好厉害！"然后你就去忙别的事情了。

那么,听到这个消息,你应该怎么回复呢?

第一步,你需要用 FFN 模型拆分听到的内容:

1. 工作上有重大突破。(事实)

2. 激动、开心。(情绪)

3. 想要得到你的认可和赞美。(需求)

第二步,根据你听到的事实、感受到的情绪,回应你老公的需求:"亲爱的,你最近为了解决这个问题,人都憔悴了。'天将降大任于是人也,必先苦其心志,劳其筋骨,饿其体肤,空乏其身……'所以,我觉得你们公司明年要大发展了。"

这些话跟那句客套话——"好棒啊,你好厉害"对比,肯定了你老公的努力,关切了他的情绪,回应了他的需求。听到这样的回复,他一定会充满自信,动力满满,当然会更爱你。

老公丢了一个一直在公关、马上就要进入签约阶段的大单,回家想跟你诉说心中的郁闷,而你就只知道指责他:"你这么不小心,把这么重要的单子丢掉了,这么长时间的努力都白费了。"

那么,听到这个消息,你应该怎么回复呢?

第一步,你需要用 FFN 模型拆分听到的内容:

1. 丢了一个大单。(事实)

2. 低落、自责、内疚。(情绪)

3. 渴望被安慰、鼓励。(需求)

第二步，根据你听到的事实、感受到的情绪，回应你老公的需求。

> 天啊，老公你好厉害啊，你还能拿到这么大的单子。丢了是有点可惜，但是我相信你能拿到一次，就能拿到第二次、第三次。单子能被别人抢走，但是我老公的能力不会被别人抢走。我觉得再过不久，单子一定会找上门来的。

这两组对话，一个是一味地指责，一个是不停地鼓励。不管是男人还是女人，都一定会爱上这个不断给自己鼓励的人。

你回应的不应仅仅是事实，还有对方的需要

"听"是有层次的。如果对方只听到了事实，你就会觉得他看不见你，听不见你，不懂你，而你如果只听到了事实，你也会看不见对方，听不见对方，不懂对方。造成这一现象最核心的问题是你只听到了第一层——事实层面。当彼此的交流一直停留在事实层面，聊天就很难深入，并且会让人产生"你根本不理解我的感觉"。

如果深入到倾听的第二层，当对方更关注你的感受、注意

你的情绪时，两个人就可以有比较好的沟通和交流。

如果深入到倾听的第三层，对方把你话里的期待表达出来，这时候你会觉得，他总是能够说到你的心里去，那么你遇见什么事情都会想对他说。

> 娜娜长得漂亮，身材好，工作能力也很强，就是一直找不到男朋友，而且娜娜喜欢的男生都不想和她在一起。一开始我很纳闷，后来发现，这些男生都在最初的时候追求过娜娜，但是相处一段时间以后就淡了，最后都不了了之。

分析之后，我发现娜娜最核心的问题是：她听不懂男人在说什么。

比如男方出差到她的城市，诚挚地邀请她吃饭。娜娜明明对他有好感，但是因为有工作需要加班，娜娜这时回复："实在不好意思，我今天晚上必须加班，要不然这样，明天我请你吃饭，补偿一下。"结果这个男生很客套地回复："没关系，你先忙工作要紧，我们改天再约。"之后就没有下文了。

为什么没有下文呢？男生表达了邀请娜娜吃饭的诚意，娜娜也表达了自己的为难，并且邀请男生明天吃饭。很多时候，我们也是这样做的。那么，这看似没毛病的操作，问题到底出在哪里？

男生说请吃饭，是 FFN 倾听模型中的第一个层次：事实。而娜娜只回复了一个事实：我要加班，明天可以吃饭。这样男生会认为其实娜娜对自己没兴趣。那么，娜娜应该回应什么呢？应该回应："今天真的不凑巧，我突然要加班，不知道要到几点，我其实挺想和你一起吃饭的，但是实在抽不开身，明天晚上你有时间吗？我们约明天可以吗？"

这个回应好在哪里？

当男生诚挚地邀约时，期待的不仅仅是和女生吃饭，更多的是对女生表达想和她见面的需要，他也期望这种情感得到回应，而这个回复回应了他的情感（我其实挺想和你一起吃饭的），至于说这顿饭到底要不要吃，已经不重要了。

如果你对你男朋友说"我感冒了"。你的男朋友说"那你多喝热水，吃点药"，这就是他只是听到了事实。如果他说"你现在难不难受呀，吃药了吗"，这就是关注到你的感受层面。如果他说"你这样我好担心呀，我一会儿给你买药，请假过去陪你，我不放心你"，你是不是会觉得这个男朋友真的是太贴心了，真的是把你放在心上了。为什么你会有这种感觉呢，因为你对男朋友说"我感冒了"，这时候你需要的是他的关心，希望他能照顾你。当他把你的需要说出来时，你就会觉得他很爱你，很懂你。这种懂得的状态就是高情绪价值的一种体现。

共同感受一种情绪,他的情绪你都懂

共情(empathy),也称为神入、同理心,共情又译作同感、同理心、投情等。这一概念是人本主义创始人罗杰斯提出的,却越来越多地出现在现代精神分析学者的著作中。不管在人性观还是心理失调的理论及治疗方法上,二者似乎都是极为对立的两个理论流派,却在对共情的理解和应用上,逐步趋于一致。共情似乎为现代精神分析与人本主义的融合搭起了一座桥梁。

有共情能力的人在人际交往过程中,能够体会他人的情绪和想法,理解他人的立场和感受,并站在他人的角度思考和处理问题。通俗地讲,共情就是共同感受一种情绪,他的情绪你都懂。

共情可以让你成为最懂他的人

妻子:"这个菜怎么又涨价了,现在菜真是越来越贵了。下个月孩子的钢琴班又要交费了……我跟你说半天你怎么没个反应。"

丈夫:"哦,我知道了。"

妻子:"你这什么态度啊?"

丈夫:"我没什么态度啊,你别没事找事啊。"

如果妻子只是处于倾听的第一层,一定会觉得丈夫不可理喻,莫名其妙。后来妻子才发现,当时老公正在经历被裁员,不敢跟她说。知道这件事情之后,她设身处地为丈夫着想,站在丈夫的角度上思考问题,体会他的情绪和情感,与他一起分享或分担情感,这就是共情。她通过共情的方式先引导丈夫自己说出实情,让老公觉得他的才华只有老婆最懂,夫妻俩的感情自然越来越好。

如果你对老公说:"我好累啊,写了一上午报告。"然后老公问你:"那报告写完了吗?"此时,你可能觉得更加烦躁、更加不开心。如果他说:"是哦,你脸色好像都不太好了,什么报告那么难写啊?"听到这样的回复,你会作何反应?是不是就会把不开心的事情或者遇到的难题都说出来?你是不是会觉得他很懂你?

人是具有社会属性的。我们渴望被更多人关心、关爱,不喜欢被指责、被批评，就算自己做了错误的事情，也希望对方理解。共情就是让对方感受到你对他的理解和爱。

说话之前先停下来想想，对方现在的心理状态是什么，他表达的事实是什么，情绪是什么，需求又是什么。你把这些问题思考清楚，再说话，结果一定会不一样。

共情是亲密关系的催化剂

有一天，珍妮对男朋友说："介绍几家餐厅给我吧，下周我爸妈出去旅行，我不会做饭，只能吃一周的外卖。"

男朋友赶紧推荐给她十几家餐厅，珍妮冷冰冰地说了声："谢谢。"接下来一周都没有理会男朋友。

问题出在哪里呢？珍妮要的难道是让你给她推荐几家餐厅吗？不是的，她想的是：我都跟你说了，我爸妈不在家，我希望的是你陪我吃饭，而不是你给我推荐餐厅。男朋友的回答会让珍妮觉得：我们都认识那么久了，我说什么你都不懂，算了算了，我还是不跟你继续了，要不然后面的日子怎么过呀！这就是缺乏共情导致的。

在生活中，有些人很难跟别人有深入的交往关系，除了不善言辞之外，更重要的原因是他们的共情能力相对差，导致别人跟他们在一起有很不舒适的感觉。如果这种感觉经常出现，自然不会有人愿意跟他们进行深入交流。人在心情不舒畅的时候，总是希望能找到一个能懂自己的人说说话，而不是简单地安慰或者给出意见。

如果你此刻失业了，却意外被恋人求婚了，你觉得下面4句话哪一句会让你马上答应？

1. 没工作不要紧，你长得这么好看，就算你什么都没有，我还是想和你结婚。

2. 你学历这么高，失业了还可以再就业，我们结婚吧。

3. 别着急，你不是还有一笔积蓄吗，没工作，开个小店也行，我想立刻与你结婚。

4. 请和我结婚，你是我唯一认定的对象。

我想大部分人的回答是最后一句话，因为最后一句话消除了你当时最大的顾虑，肯定了"不管你怎样，你都是我唯一的结婚对象"这个你想要的答案。这才是共情的境界。

当我们在生活中能够共情的时候，我们就会懂得对方过去的经历，能用对方的眼睛来看周围的世界，感受着对方的情感、情绪，想象着对方的想法，让对方觉得全世界只有我们最懂他。如此，我们和对方的亲密关系一定会深入发展。

温和处理亲密关系中善意的谎言

假设你跟老公结婚3年,一天下午你给他打电话。

你说:"晚上是回家吃饭吗?"

老公说:"晚上有应酬,估计要9点回家。"

你说:"好的,我等你,有件事情想跟你说。"

晚上9点半了,你老公还是没回家,你给他打电话,他说估计10点能回家。你一直等到11点他还是没有回家,这个时候你会怎么办?

1. 继续给他打电话,问他到底什么时候回家。

2. 坐在客厅等他,看他究竟什么时候回家。

3. 回房间睡觉。

将这 3 个答案一一演练，看看这 3 个答案会给你带来什么样的结局。

继续给他打电话，问他到底什么时候回家

10 点老公还没回来，你继续给他打电话，问他："你到底是在应酬还是在干什么？为什么说好了 9 点能回家，现在还没有回来？"

老公："我就是在应酬，但的确还没有结束，我也不能先走啊。"

你："那你在哪里应酬，我去看看。"

老公："你有完没完，我都跟你说了，我在应酬，你怎么这么多事？"

你："是你自己不能准时回来，怎么变成我事多了。"

老公直接把电话挂了。后面你又连续打了几个电话，他都没有接，你越想越生气。

女性大脑的想象力是非常丰富的，这个时候你可能越想越觉得老公背叛了你，于是你坐在家里等他回来给你解释。一直等到 12 点，你老公回来了。

你："为什么这么晚回来？你到底是跟什么人应酬？

说是应酬,为什么你身上没有酒味?"

你认为老公一定是背着你做了对不起你的事情,于是不可避免地,你们争吵了很久。

最后,你老公跟你说:"公司让我去接一个女经理,我怕你误会不敢跟你说。本来航班是8点到,我想着把经理送回酒店,9点我怎么着也能回来了。于是跟你说我9点能回来,哪想到这班飞机一直晚点,将近10点才到。这么晚到,我总不能把她扔到酒店就不管了吧,我带她去吃了消夜就回来了。我就是怕我说不清楚,你再多想,才会跟你说我去应酬了。"

你疑惑地问:"你早这样说不就好了?"老公:"如果我一开始这么说,你能信吗?到时候你非要跟我一起去机场怎么办?我再不让你去,这误会更大了。"

男人有时候说谎是怕麻烦,真相不好解释的时候,还不如说谎来得简单。可一些女人在这个时候通常都会发挥出"福尔摩斯一样的能力",抓到一个小尾巴就一直不松手。其实男人也未必想说谎,只是怕麻烦,可很多时候他们往往高估了自己说谎的能力,以至于即便说了谎还是很麻烦。

坐在客厅等他,看他究竟什么时候回来

晚上 12 点,你老公进门看到你坐在沙发上等他,心里咯噔一下:"坏了,怎么解释我这么晚才回来呢?"他下意识地紧张,就会情不自禁地说谎。你老公因为爱你,怕你生气,他也知道自己回来晚了你一定会生气,但有些时候,他只能做让你生气的事情。于是就进入一个循环——他越爱你,越害怕,越害怕越要说谎。

这时候无论你什么态度,他都会开始说谎。他越紧张,谎言越漏洞百出,你就越生气,越好奇,越怀疑,于是你们又开始争吵。

本来事实只是去机场接女经理,结果飞机晚点导致现在才回来,但是在你的想象中完全不同。

实际上,这样大半夜等着老公回家吵架,也解决不了问题。此时,早点睡觉,择日再谈,是更好的选择。

回房间睡觉

选择回房间睡觉,是最有利于你们感情发展的。男人本来回来晚就心虚,回来后看你睡了,也会松一口气,没有那么紧张了。

通过这个场景分析,可以看出男人有时说谎是因为他怕你

生气，怕麻烦。某些时候，男人对你说谎也是在意你的表现，不用纠结。

有一次，我老公带孩子们去蹦床公园玩，我跟他说了好几次中午给孩子们叫外卖，这样在公园能多玩一会儿。我下午1点的时候问他叫外卖了吗，是否需要我帮他叫。老公说不用，他自己叫。下午2点的时候我问他吃饭了吗，他说吃了。等孩子们回来我才知道，他们是下午快4点才吃的饭。要是以前，我肯定会生气：老公怎么又在说谎。

实际上，当天我老公问孩子们是叫外卖还是去麦当劳吃，孩子们自己选的麦当劳。而我老公之所以说谎，是因为2点的时候他要是说还没给孩子们吃饭，我一定会很生气，如果他跟我说"刚才给孩子们吃了姥姥带的水果，都不饿，晚一点再带他们吃饭"，他又觉得太麻烦了。所以他选择说谎，是因为怕麻烦。

两个人在一起最重要的是幸福、开心，如果一些真实的、琐碎的小事会让你们发生争吵或者摩擦，为什么不试试接受善意的谎言呢？

◢ 倾听练习 ◣

听是有层次的，只有关闭第一聆听，我们才能真正听到别人在说什么。

◉ 练习 ◉

假设男生在下午2点的时候问你"在干吗"，你会如何回复？

先别着急回复，因为你很可能会脱口而出"我在上班""我在开会"等。但是这些都不是好的答案，你需要听他说这句话的情绪是什么，需求是什么。

我们在回复的时候可能不仅仅用到一个技巧，而会用到很多之前学到的知识，我们怎样才能把它们融会贯通呢？

◉ 知识链接：联系学习法 ◉

联系学习法

唯物辩证法认为，世界上任何事物都与周围的事物存在着相互影响、相互制约的关系。科学知识是对客观事物的正确反映，因此知识之间同样存在着普遍联系。我们把联系的观点运用到学习中，有助于对科学知识的理解。

根据心理学迁移理论，知识的相似性有利于迁移的产生，迁移是一种联系的表现，但联系学习法的实质不能理解为只是一种迁移。迁移从某种意义上而言是自发的，而运用联系学习法的学习是自觉的，是发挥主观能动性的充分体现，它以坚信知识点必然存在联系为首要前提，从而有目的地去回忆、检索大脑中的信息，寻找它们之间的内在联系。当然，原来对知识掌握的广度与深度直接影响建立知识间联系的数量的多少，但我们可以通过辩证思维，通过翻书查阅，甚至通过学习，去构建新的知识联系，并使之贮存在我们的大脑之中，使我们的知识网日益扩大。简单地说，其实就是你在学习新知识时要想到旧知识，想到自己亲身经历过的事，克服定势思维。

回忆一下，在你和老公或者男朋友接触的过程中，在哪些情况下他会对你很不耐烦，或者对你爱理不理？

比如当你和男朋友聊天的时候，他突然说工作中被领导批评了，你会怎么回应？你的第一反应是不是马上就问发生了什么？男朋友这时候可能根本就不想跟你再说一遍，会回答一句"别问了，烦不烦"。

比如你下班回家，发现老公在玩游戏，也没做饭，你抱怨:"你就天天只知道玩游戏,什么都不知道做。"

他是不是装作听不见的可能性很大?

通过以上两个场景,尽可能回想一下在两个人相处的时候,你说了哪些话,他会很不耐烦地回应你,发生了哪些事,他会对你爱答不理,没有好的情绪。回想这些场景并记录下来。

下一步,仔细回忆,你曾经说过哪些话他比较乐意听,或者想一想有什么更好的解决办法。这时候你再把我们讲到的新知识,也就是正确的解决方法代入,用新的知识打破你的固定思维,不要再用自己原来的处理方式进行交流。

这就是联系学习法。学习新知识,在运用的过程中回忆之前做得不好的场景或做得好的场景,尽量避免不好的场景,好的场景加以改善,运用新的理念去处理事情。一旦你能够形成这样的思维模式,你就可以很快提高自己的情绪价值。

现在思考:假设男朋友中午的时候问你"在干吗",你会如何回复?

温馨提示:先试着自己做,然后参考附录,修正你的做法。

05
为什么你想拉近彼此的距离，却总是适得其反

这个公式可以快速拉近你们的关系

人是具有社会属性的。我们渴望获得他人的认同和喜爱，尤其是到了一个新的环境，我们渴望跟其他人快速熟悉起来。在现实生活中，却状况频出。

为什么你想拉近与对方的距离，却事与愿违

最容易实现的高情绪价值就是赞美，但有人会问：为什么每次我赞美别人，我自己都会有一种"拍马屁"的感觉，不仅我自己感受不好，我看对方的感受也非常糟糕？

香香刚去工作单位上班,想着多夸夸别人,可以让自己获得好人缘。于是她看到旁边坐的50多岁的大姐,上去就夸人家长得年轻,大姐明显感觉不太高兴,勉强笑笑说"谢谢",然后起身去茶水间,半天没回来。香香很疑惑,我夸她年轻,她怎么就不高兴了呢?

晶晶在公司见人就夸,什么"你长得真好看""你真有气质""你这个报告写得真好",但是所有同事都觉得她假惺惺的。她想要的好人缘不仅没有得到,反倒是所有人都不太喜欢她。

为什么她们的赞美很假?除去"天生情绪价值低"之外,她们的赞美普遍存在几个问题:

1. 赞美人而非事件,就会让赞美听起来很假。

2. 不根据事实赞美,比如人家都快秃顶了,你夸人家年轻,就是不根据事实赞美。

3. 赞美一点不走心,是干巴巴的一句话。

赞美事件要比赞美人更真诚

想让你的赞美听起来舒服一些,你需要从赞美人升级到赞美事件。比如:

"你真年轻！"可以换成："你穿这件衣服提气色，显得格外年轻。"

"你真漂亮！"可以换成："你真会保养皮肤，白白的看起来很漂亮。"

"你真贤惠！"可以换成："你今天中午做的辣子鸡真好吃，太贤惠了。"

将赞美人换成赞美事件，你的赞美听起来就会真诚很多。

场景：在餐厅，服务员给你倒了水，你应该怎样赞美他？

我在一次培训课上提出了这个问题，有的同学说："你倒的水真好喝。"还有的同学说："你倒的水真好看。"全班同学大笑。仅仅学会赞美事件本身，只适用于某些地方，并不是所有地方都适用。

如果你说："你的服务很赞啊，每次杯里的水剩得不多时，你就续上了。换一个人，通常是等我要求加水，才过来。"

假如你是服务员，听到这样的赞美，感受是不是很好？为什么这样赞美使人感觉舒服一些呢？因为它不仅仅是赞美了事件，还有其他很多具体内容，让人感觉很走心、很真诚，不是为了赞美而赞美。

FFC 赞美法帮你快速拉近与同事的关系

我们平时的赞美显得假，是基于以下 3 个方面的原因：

1. 措辞比较贫乏。赞美别人的时候，只会说"好""不错"，除此之外，就想不到其他形容词了。

2. 表达过于生硬。说出来的赞美之词很空洞，只知道夸对方"好"，好在什么地方却表达不清楚。

3. 缺少深度认同。说出来的话总是给人一种很肤浅的感觉，难逃"拍马屁"之嫌。

FFC 赞美法可以解决我们平时赞美显得假的问题。

FFC 赞美法，是指在赞美一个人的时候，先用细腻的语言来表达自己的感受（feeling），再进一步通过陈述事实（facts）来证明自己的感受并非毫无根据，最后通过一番比较（compare），来表达对对方的深度认同。

即 FFC 万能赞美公式：感受 + 事实 + 对比。

你的同事今天打扮很漂亮，你怎样赞美她？或许之前你只会说"你穿这条裙子真好看，你看起来真年轻"。

现在，用 FFC 赞美法来赞美你的同事：你今天这一身看着真舒服，看着你我心情都变好了。搭配好精致，连你的发卡、围巾的色彩和纹理都很搭，比我强多了。

为什么这个话术听起来更舒服呢？因为赞美有事实依据，不是随口说的。而且是经过观察得出的结论，这样的结论才会有说服力。通常发卡和围巾色彩相近都是刻意为之的，而我们刻意准备某事，都是希望得到别人的赞美。所以这句赞美也是对方想听到的。

拆解话术：你今天这一身看着真舒服，看着你我心情都变好了（感受）。搭配好精致，连你的发卡、围巾的色彩和纹理都很搭（事实），比我强多了（对比）。

当对方感觉到你真心赞美她，你的赞美让她心情愉悦，她自然会跟你走得更近，你们的关系也更容易拉近。

在暧昧关系中通过赞美拉近彼此的距离

庭月看到自己喜欢的小哥哥在社交网络中发了一张他参加时间管理课程学习的照片。

庭月："感觉这个小哥哥有点努力。"

小哥哥："怎么努力了？"

庭月："你怎么会想到去参加这个课程？"（把课程截图发给他。）

小哥哥："你说的这个课程啊，我觉得工作效率有点低，想改善一下。"

庭月："你的执行力好强啊（感受），发现问题马上就去找解决方法了（事实），我一直也觉得工作效率低，很想去参加个培训提高效率，但一直停留在想法上，现在还没有行动呢（对比）。"

接下来可以根据这个话题展开，与对方聊天。在使用公式的时候你需要注意以下3个方面：

1. 赞美对方时首先说出内心的感受。

2. 陈述带给你内心感受的客观事实。

3. 将被赞美人和同类人进行对比，让对方认为就是这样。

用这样的方式跟对方聊天，让他感到被仰慕、被称赞，可以很快拉近你们之间的距离。

情绪流动决定亲密关系的质量

我们渴望获得更多的爱,这种爱的体现形式有很多,其中情绪流动是非常重要的一种爱的表达形式。

情绪流动产生良性互动

有一次,我给女儿茜茜买了一条特别好看的公主裙子,她很喜欢。当天下午她穿着这条裙子陪我去做指甲。做指甲的地方,二楼是美容院,一楼是做美甲的。

楼上不断有人下来,下来一个人她就跑去人家旁边,转一圈,并问:"你觉得我的裙子好看吗?"别人觉得她一个小姑娘挺有意思的，就说："好看呀。"茜茜会高兴地跑到我旁边，跟我说："妈妈，那个阿姨夸我的裙子好看。"

我："那别人夸你的裙子好看，你开心吗？"

茜茜："开心呀。"

我："那你开心了，是不是你也要让别人开心一下啊。"

茜茜："嗯，但我不知道怎样能让别人开心呀。"

我："当别人说你的裙子真好看的时候，你可以竖起大拇指并跟他说，你真有眼光。"

茜茜："妈妈，'真有眼光'是什么意思？"

我："只要妈妈在家，你是不是都想要妈妈给你选裙子，给你搭配发卡和鞋子？"

茜茜："是的。"

我："那你为什么喜欢让我选呢？"

茜茜："因为你选的好看啊。"

我："对，选的衣服好看，这是一种能力。你可以把这种能力理解为有眼光。当别人夸你的裙子好看的时候，你说她真有眼光，是不是也是对别人的赞美啊。"

茜茜："嗯，是的。"

这时候又有一个阿姨做完美容下楼了。茜茜跑过去，转了一圈问："阿姨，你看我的裙子好看吗？"阿姨说："好看呀。"茜茜快速竖起大拇指说:"你真有眼光。"那个阿姨哈哈大笑之后说:"你真可爱。"

茜茜害羞地跑过来跟我说:"妈妈,我说完'你真有眼光',那个阿姨特别高兴啊,哈哈哈地笑呢,还跟我说'你真可爱'。"

我:"对呀。别人夸你,你会高兴;你夸别人,别人也会高兴。这个就叫情绪流动,我们要让情绪流动起来,这样所有跟你在一起的人都会觉得很开心。"

在相处的过程中,有些人总是让你感觉很舒适,而这种舒适,多半是情绪的流动带来的产物。但是在日常生活中,我们在不经意间经常让情绪停滞,比如别人夸你漂亮,你说"谢谢"。再比如,别人夸你"你可真能干,工作做得井井有条,孩子也被你带得乖巧可爱",你回答"哪有你说的这么好"。这样的回答,就算别人想接着夸你,也不知道应该如何夸,这种回复方式让你们之间的情绪停滞了。

情绪停滞会使交流陷入恶性循环

有些夫妻会出现这样的感情状态:下班回到家,两个人就如同最熟悉的陌生人,自己该干什么就干什么,当你和他聊天的时候他爱答不理,偶尔他想起来什么,跟你说两句,聊着聊着就又不知道说什么了。一人一部手机各自玩各自的,你不知道两个人的感情状态什么时候就变成了这样,也不知道要跟他聊什么。

还有一些女生,总是觉得自己和男生聊不来。

男生问:"最近有个大提琴的演奏会挺好的,要不要一起去听呀,你之前不是说你上大学的时候很喜欢去听吗?"

女生回复说:"哦,我大学那时候挺喜欢的,最近两年没怎么去听,不是很感兴趣了。"女生的确是这样想的,但是这句话说出来,两人之间的情绪就停滞了。

男女双方在经营亲密关系的时候,需要情绪流动。一个人开启一个话题,另一个人回应的情绪并不是对方想要的,那么对方就不想继续聊下去,时间长了,双方就什么都不想说了。男生明明是想和你找些共同话题,但是他努力找的话题你都让他说不下去,他只会认为你是故意的。"你对我不感兴趣,所以你才不想和我出去,不想和我聊天,每次总是让我失望。"男生没有感受到你们之间的情绪流动,就很难长久地喜欢你,甚至可能很快就会放弃。要学会正确地回应情绪,没有回应的情绪不会长久。

情绪流动就像是打球,你来我往,才能够顺利进行下去。

如果我发一个球，你站着不动，我再发一个球，你还是站着不动，那我为什么要和你打球呢？我对着墙练习不是更好吗？你要让对方感受到你们之间的情绪是流动的，不要让对方感觉他是剃头挑子一头热。

当对方说一件事情时，你只会说"哦，你真棒""嗯，你好厉害""谢谢，你也不错"，这样的回应只会让对方觉得和你相处挺没意思的。如果这样的情绪积累多了，对方就没有兴趣与你分享一些事情了，因为对你说了你也不懂，跟你说了他也不会太开心，为什么要跟你说呢？长此以往，家就成了一个固定的旅馆，除了晚上回来睡觉，好像也没有其他吸引力了。如果在这个家里感受不到乐趣，也没什么共同话题可以聊，我们就很难想要去维持一个家庭的和谐。一旦我们觉得这个家的存在对自己没啥好处，我们为什么要付出努力去维持呢？而在这种困境中我们也会产生一种想法——我要这样的老公（老婆）有什么用呢？什么都不做，什么都不管。两个人的感情只会越来越糟，产生恶性循环。不要试图让一个人无限付出，也不要期望每个人可以按照你说的来做，没有理所当然。

情绪是如何流动起来的

当别人对你做出某一件事或者说出某一句话时，你能够理解他所做的事、所说的话包含的情绪，并且回应给他一个情绪，情绪就流动起来了。比如,男生给你发了一个"早安",你也回一个"早安",你们之间的情绪就停滞了;如果你回复"看到你给我发的早安,我觉得今天一天都会很开心",情绪就会流动起来。这样回复"早安"有哪些好处呢?

1. 会让他很开心,让他感觉你很看重他的问候。
2. 会让他觉得你看到了他对你的关心。
3. 会让他有动力想要持续给你发"早安"。

> 男生:"最近有个钢琴的演奏会挺好的,要不要一起去听呀,你之前不是说你上大学的时候很喜欢去听吗?"
> 女生:"我现在不喜欢了。"

这样回复,你们之间的情绪就停滞了。男生说这句话,本身就有讨好你的意味,然而你回应了一个事实,直接把他想要讨好你的情绪浇灭了,你们之间的情绪自然会因为这句话而停滞。

如果女生这样说:

> 女生:"咦!你怎么知道我大学喜欢钢琴呀?"
> 男生:"你之前聊天的时候不是提过吗。"
> 女生:"哇,你对我好上心呀,我之前是挺喜欢的,不过工作忙,好久没去听了,这是几号的呀?我看看

我会不会加班。"

感受一下，同样表达我现在不喜欢了，但是在情绪流动的状态下回复，就会让人感觉很舒服。

让情绪这样流动，你会成为别人离不开的人

如果你老公告诉你："我今天新谈下来一条供应链，估计有300多万元的利润。"

你："哎呀，亲爱的你太厉害了，我们是不是要去庆祝一下。"

说完这句话，是不是就没有然后了？好像你这样说完，你老公也没有太开心的感觉。

为什么会这样呢？当他说他成功谈下一条供应链，会有300多万元的利润时，他在向你表达的是一种炫耀的情绪，你的一句"你太厉害了"，让情绪停滞了，所以他不会有太开心的感觉。

如果你这样说：

老公："我今天新谈下来一条供应链，估计有300多万元的利润。"

你："真的吗，你谈了条300多万元利润的供应链，

你不是骗人的吧?"

老公:"我没骗你,真的。"

你:"我不信,你是不是偷练什么武功秘籍了,这时候大家不亏钱就不错了,你还能谈下有这么多利润的!"

你:"你怎么谈下来的,赶紧跟我说说。"

这样的回答有什么好处呢?

1. 通过推拉调动他的情绪,让他更想证明自己。

2. 通过对比放大他的这种情绪。

3. 引导他描述过程,让他去认真回想努力的过程,分享之前艰辛的过程,对自己更加肯定。

他会有什么感受呢?

1. 通过这样的话术,你们的情绪流动起来了。在流动的过程中,正面积极的情绪会被不断放大。

2. 你比别人都要了解他,知道他心里想听什么,以后他有任何事情都会想第一时间与你分享。

情绪流动公式

我们用情绪流动公式"调动情绪 + 对比 + 开启分享话题",来拆解和分析上一段话术。

调动情绪：真的吗，你谈了条300多万元利润的供应链，你不是骗人的吧？

你要先和他站在一个情绪层次上，用反其道而行之的语气，让他更加想要证明自己。记住，这时候一定要用高兴的语气和兴奋的语调说，而不是用指责的语气说，因为指责的语气会让男人觉得你瞧不起他。

对比：我不信，你是不是偷练什么武功秘籍了，这时候大家不亏钱就不错了，你还能谈下有这么多利润的！

你要通过对比告诉他"你很厉害"，放大他的情绪。

开启分享话题：你怎么谈下来的，赶紧跟我说说。

你要通过开启新的话题，让他想要跟你说更多。

你的男朋友原来在银行工作，最近换到了一家投行，并且是中层管理职位。他之前只是对你提过要换工作，但是今天突然告诉你他收到录用通知了。

男朋友："我告诉你一个好消息，我要去那个投行当部门经理了。"

你:"你不会是看我不开心逗我玩的吧。(调动情绪)"

男朋友:"不是,我真的接到通知了。"

你:"人家换工作不都得找好几家,面试好几轮吗?你不是前段时间刚跟我说吗,怎么这么快就成功了?(对比)你赶紧跟我说说,你做了什么让人家慧眼识英雄了。(开启分享话题)"

这样说有什么好处呢?

1.让他想要更多地向你诉说过程。

2.让他感受到你对这件事情的开心程度,并且让他更想炫耀自己。

男人会有什么感受呢?

1.他会觉得你可以理解他的开心,并且对你说完他会更开心。

2.他会感觉自己确实很厉害,并且自己去联想事实证明自己很厉害。

3.他会认为你对他是很认可的,他在你这里会感受到成就感。

情绪是需要流动的,不能让情绪因为一句话就停滞。

双面胶赞美法：比任何吵架方式都有效

在两性关系中，我们可能会经常跟另一半吵架，原因之一是我们想改变对方的行为模式。比如：对方接你晚了，你们要吵架，让对方下次早点来；对方送的礼物不合你心意，要吵架，希望对方能送自己喜欢的礼物。但这种做法好像并没有改变彼此的行为模式。

再比如，同事或者下属有问题，我们通常也是直接指出来，希望他可以更好，但结果好像并不如人意。

当你发现对方有问题的时候，你可以通过赞美的方式告诉他问题所在，而不是批评。双面胶赞美法就是这样的方式。双面胶赞美法具有去防卫心理、去后顾之忧的作用，给被批评者以尊重。无论在亲密关系中还是在职场关系中，它可以有效让对方接受你的反馈和建议。

双面胶赞美法：认同/赞美＋建议/希望

- **认同/赞美**

在心理学中，这叫"意见一致性"。当你和他的意见一致之后，他就会觉得你是自己人，你是站在他的角度思考问题的。这样就可以消除你们之间的对立性。以亲密关系为例，如果对方说"你这件事处理得不对"，你回复"我怎么就不对了"，因为你的一句话，你们开始对立起来，接下来说什么都不重要了，每个人都像辩论选手一样想着怎样驳倒对方。一定要记住，在家里是没有输赢的，两个人要么一起高兴，要么一起难过。就算你赢得了这场辩论赛，你也不会高兴。当对方说"你这件事情处理得不对"，你应该回复"对，我也觉得我处理得欠妥当"，先跟他站到一个队伍中，再慢慢改造他。

- **建议/希望**

当你们站到一个队伍中时，你可以仔细倾听他为什么觉得你不对，读懂他的情绪。听了他说的内容之后，如果你仍然觉得你是对的，你可以接着说"我觉得你说得特别有道理，但我希望你也听听我的建议"。通过认同/赞美阶段，他会更愿意心平气和地听听你的看法。

男友迟到了，你想破口大骂怎么办

下雨了，你的男朋友来公司接你下班，却迟到了两个小时。

此时你怎么办？我知道，这个时候你可能有一肚子怨言无处发泄，让你去赞美他，你可能真的做不到，你只想冲他大发一次脾气，让他长长记性。

你的破口大骂，能为你带来什么呢？争吵，并因此让你的心情变得更加糟糕。你的破口大骂并没有给你带来好处，那你为什么要破口大骂呢？你以为你的破口大骂会让他长记性，下次早点来吗？恐怕你会失望的。

其实，换一种温和的方式，既能让男朋友下次早点来接你，还能让他对你心怀愧疚。下次想发脾气的时候，深呼吸，让心情平静一下，然后这么对男友说：

"下这么大雨，你还来接我，真的非常感谢你。（认同／赞美）但是等你等得我好饿呀，都把我饿瘦了，我要吃大餐。（建议／希望）"

男朋友来晚了,他自己是知道的,本以为你会破口大骂,结果你只是撒了个娇,表示要吃大餐,他出于愧疚心理,一定会带你去。一味地忍让不会获得好结果,一味地跳脚也不会有好结果。好的亲密关系需要用智慧去经营。

不喜欢他送的礼物,想吵架怎么办

老公出差给你买了一支口红,但颜色是"死亡芭比粉",你看了之后,只想让他去退货。

你应该怎样说,才能让他下次送你喜欢的口红呢?

"老公,这个口红的牌子是我最喜欢的,你怎么知道的?(赞美/认同)不过,如果是红色系或橘色系会更配我平时穿的衣服。(建议/希望)"

你这样说了之后,下次你老公给你买口红,到了柜台之后,他会问柜姐,哪个是红色系,哪个是橘色系,柜姐会给他推荐的。换一种方式说不喜欢,结果会皆大欢喜。

富兰克林效应：快速让对方对你产生好感

在亲密关系中，如果你喜欢一个人，会情不自禁地对他好，你总是觉得真心可以换真心，只要你对他足够好，他早晚有一天也会对你好。实际情况却是你无论怎样对别人好，别人也不一定会喜欢你，而且由于你付出得越来越多，你的沉没成本也会越来越高，并且没有获得回报，你就会付出得更多，还会暗示自己：其实他挺好的，我对他好是对的。

在工作中，我们想和别人建立关系，有时候会有一种畏首畏尾的感觉，担心对方会觉得自己有什么企图。但往往只要你不主动，你的很多社交关系就是无法建立起来，导致你的社交圈越来越小。富兰克林效应会让对方对你有好感变成一件简单的事。

富兰克林效应可以快速拉近你与对方的距离

1736年,本杰明·富兰克林受到宾夕法尼亚州立法部门某个议员的政治对抗。那位议员不仅完全反对他的观点,还发表了一篇演讲,十分激烈地批评了富兰克林。

富兰克林深受困扰,但是又想争取到这位议员的支持。他听说这位议员的图书馆里藏有一本非常珍贵、令人好奇的图书。于是他十分恭敬地写了一封信,表示自己要读这本书的愿望,并请求议员帮忙把这本书借给他读几天。

没想到这位议员竟然同意了,立即把书寄给他。大约一周后,富兰克林把书还给议员,而且又写了一张字条,表达他万分感激的心情。

几天后,当他们再次在众议院相遇时,富兰克林是这样描述的:"他竟然主动跟我打招呼(以前从来没有过),后来我们谈话,他还表示任何时候都愿意为我效劳。"

从此,他们两人化敌为友,终生保持着友谊。后世的心理学家们由此得出一个结论：**让别人喜欢你的最好方法不是去帮助他们，而是让他们来帮助你。**这就是著名的富兰克林效应。

刻意讨好不如"请对方帮你个忙"

想要发展跟对方的关系，刻意讨好反而会适得其反，换个思路，请对方帮你一个忙，帮完之后，你们的关系反而会亲密许多。列夫·托尔斯泰曾在《战争与和平》里写道："我们并不因人们给我们的恩惠而喜爱他们，而是因我们给予了他们恩惠。"

当小王子发现仅仅一个花园里就有5000朵几乎和他拥有的完全一样的玫瑰花时，非常伤心。尽管如此，他心里还是放不下自己的那一朵玫瑰。直到有一天他恍然大悟：尽管这个世界上有无数朵玫瑰花，但她们是空虚的，因为没有人愿意为她们去死。他的玫瑰花不同，因为他浇灌过她，保护过她，陪着她一起说话，陪着她一起沉默……所以，哪怕她只是单独一朵，都比这个世界上所有的玫瑰加起来都更重要。

当你在请求对方帮助的时候，其实就是在引导对方对你付出，你就是对方浇灌的那朵玫瑰。因此，当他对你付出越多，就越会觉得你好。

尤其是在亲密关系中，我们要学会向对方求助，女性尤其要学会向男性求助。每个男人心里都住着一个英雄，他们希望拯救弱小，渴望帮助别人，但很多女人会把家里的大事小情一手操办，男人做点什么事情，她都看不上，时间长了，男人在家里做的事情越来越少。男人在家里没有存在感，自然会去其他地方找存在感。也许男人最大的悲哀是当他成长为一个英雄时，却没有人可以保护，没有人需要他的帮助。

改变对方对你的态度最好的方法是与"蜥蜴脑"对话

为什么求助会快速让对方对你产生好感呢？脑科学家在研究的过程中发现，想要改变一个人对你的态度，就要先影响这个人的行为。

人与人的交流其实是大脑和大脑之间的交流对话。大脑基本上分3层结构：最外层是大脑皮层，掌管理性；中间是哺乳脑，掌管情绪；最里层是蜥蜴脑，掌管最原始的行动，如呼吸、心跳之类的人体基本功能。想成功说服一个人，就尽量不要与他的大脑皮层对话，而要与掌管原始行动的蜥蜴脑对话。

人们通常认为先有了某种态度，才会去采取某种行为。而真相恰恰相反：一个人先有某种行为之后，态度就会随之改变。

社会心理学家的研究表明，态度不是行为的原因，而是对行为的事后解释。因此，想要改变对方对你的态度，首先要做的就是让他行动起来，通过对方一个个具体的付出行为，引发他对你态度的逐渐转变，从而快速拉近你们的距离。

比如，你想让男朋友心疼你加班，就不能只是嘴上跟他说说，你要让他在你每次加班的晚上来接你，送你回家。这样，他就会因为你加班而付出了更多的行动，包括去你的公司楼下的过程、等你的过程、送你回家的过程，在他付出的整体行为中，他就形成了更深刻的印象，也会更加理解你工作的辛苦，从而对你有更强的责任感。

相比男友躺在床上给你发一条微信，在你每次加班的晚上去接你，他付出了更多的精力和行动，这就是跟他的蜥蜴脑对话。男人在为你做了更多的事之后，就慢慢养成了照顾你的习惯，这就是行为改变态度。

投其所好，从对方的诉求出发

根据马斯洛需求金字塔和人类共同行为清单（见图5-1），人们都有一些共同的心理诉求，如尊重、崇拜、安全、获得声誉、被需要等。

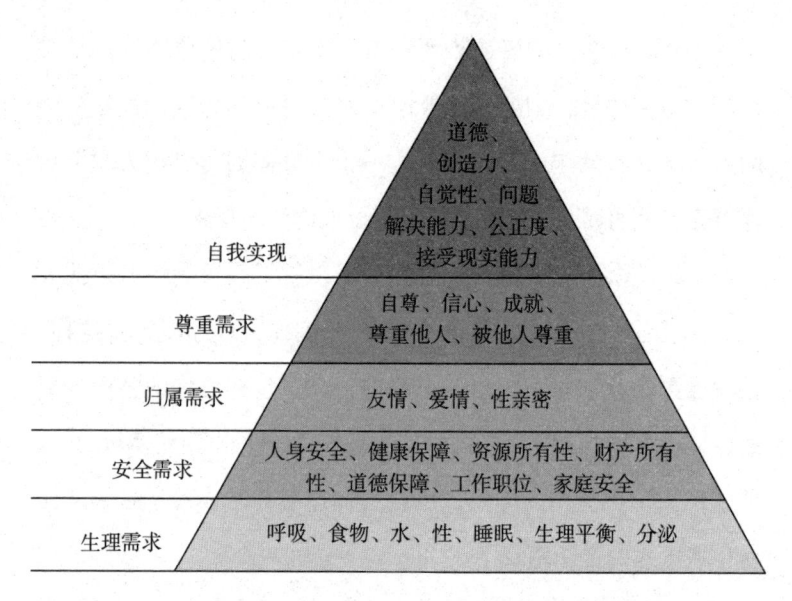

```
                            道德、
                           创造力、
                          自觉性、问题
        自我实现        解决能力、公正度、
                        接受现实能力

                        自尊、信心、成就、
        尊重需求        尊重他人、被他人尊重

        归属需求        友情、爱情、性亲密

                    人身安全、健康保障、资源所有性、财产所有
        安全需求    性、道德保障、工作职位、家庭安全

        生理需求    呼吸、食物、水、性、睡眠、生理平衡、分泌
```

图 5-1　马斯洛需求金字塔与人类共同行为清单

蜥蜴脑对改变愿望没有兴趣，因此不要改变对方的想法，而要从对方的角度出发，把这些需求设置成奖励筹码，去实现它的愿望。

电影《白玫瑰》中，张曼玉扮演保险业务员钱玫瑰，好不容易见到目标客户后，说了半个小时，口干舌燥，对方仍然表示不会购买。可就在她扭头要走的一瞬间，她看到客户的办公室里挂了一张小孩的照片，于是她对照片深鞠一躬说："对不起，我帮不了你了。"客户大为惊讶，忙问究竟。原来，钱玫瑰猜测这个小孩应该就是对方的孩子，对小孩的照片鞠躬致歉，实际是在向客户暗示：买保险的理由，就是对父母、对配偶、对子女的生活尽责任。因为爱不是说出来就结束的，而是要靠有效的手段来保证，无论我们在与不在，都可以让我们所爱的人享有我们的爱。随后，客户叫住了钱玫瑰，这一单生意就这样谈成了。

钱玫瑰这次推销之所以能成功，正是因为她设置了一个奖赏，让对方觉得只要购买了保险，就可以得到这个他一直想要的奖赏。客户会把孩子的照片挂在办公室里天天看，就说明他极其疼爱自己的孩子，那么这份父亲的责任感就可以被拿来当作奖赏。

找准对方关心的事情，用诚恳的言语触动对方心中最柔软的部分，从而消除其抗拒心理，调动其参与程度，就会增加成功沟通的概率。

为什么要投其所好，从对方的诉求出发？因为蜥蜴脑的愿望无法被改变，因此不要改变它的想法，而是要帮助它去实现愿望。

态度很多时候是对行为的事后解释。如果对方帮了你一个忙，那么对方就会为自己的行为辩护："我为什么要帮他呢？肯定是因为他是个很好的人！"认知失调会让他说服自己，让他相信你是一个值得被帮助的人,也值得交往。这就是我们大脑给予的反馈。

其实,向别人求助是天经地义、理所当然的正常社交行为。因为我们作为人,都有自己的弱点,即使我们懂得再多,也一定有自己不擅长的地方。

用好"求助",激发对方的责任感

小涛暗恋了男同事3年,对方竟然毫不知情,还把她当作一个普通得不能再普通的同事。她找我说,因为自己完全没有恋爱经验,所以根本不懂得如何吸引男生,只能眼睁睁地看着自己喜欢的人和别人分分合合。

其实,面对这样的直男,不厌其烦地向他"求助",就能迅速拉近两个人的关系。

前期可以是工作上的求助,熟悉之后就可以是生活上的求助,比如修电脑、换灯泡之类的。总之,所有男生擅长的事,你都要不遗余力地麻烦他帮助你。小涛这样做了,她的求助不仅拉近了两个人的关系,还让男生时时惦记着追踪她的近况:

"你的电脑再用两天,看看还有没有之前的那个问题。"

"你还记得你的新密码是什么吗?我觉得我有必要下次给你写下来,贴你脑门上!"

"你上个星期嚷嚷了一下午要去银行办卡,你去办了没有啊?"

直到有一天,男生边开车送她回家边叹了口气:"你看看你,东南西北都分不清还乱跑,我都不知道你没有我的时候,都是怎么活过来的。"

当男生开始产生这样的想法时,就说明他在潜意识里已经对小涛产生了一种使命感,而这种使命感在恋爱中乃至婚姻中都极其重要。所以,求助法用好了,不仅可以拉近双方的关系,还能激发对方的责任感。

在我们向对方进行求助的时候,也要懂得其中的技巧。要明白如何把握分寸,不至于让对方见我们就烦。

■ 你求助的事情一定是对方擅长的

如果对方不会做饭,你非要向他求助怎样做饭就不合适;他是做技术的,你向他求助怎么搞定你的大客户就不合适;他是做商务的,你向他求助怎么拍视频也是不合适的。不合适的求助,只会让对方产生挫败感,不会拉近你们之间的关系。

那么,如何判断他擅长什么?你可以从他的工作、所学专业,还有兴趣爱好上去判断。比如:他在银行工作,你可以向他求助如何理财;他在法院工作,你可以向他请教法律知识;他是学英语专业的,你可以向他求助一些翻译技巧;他是学音乐的,你可以向他求助哪部音乐剧值得看。

■ **你求助的事情最好有一定的难度**

求助的事情,对于对方来说要有一定的难度。比如:如何搞定大客户可以,但是客户公司怎么走就不合适;音乐剧哪部值得看可以,但音乐剧的票怎么买就不合适;电脑重装系统可以,如何开机关机就不合适。求助的事情毫无难度,只会让对方觉得你在刻意接近他,结果往往适得其反。

▲ 赞美练习 ▲

◎ 练习 ◎

老公出差回家,给你带了一盒面膜,但这个品牌特别小众,知道的人不多,更别说直男老公了。你很好奇这盒面膜是怎么来的。请通过双面胶赞美法,在赞美老公的同时,弄清楚这到底是怎么回事。

◎ 知识链接:钟型事件和云型事件 ◎

钟型事件还是云型事件

哲学家卡尔·波普尔把世界上的事件类型分为两种:钟型事件、云型事件。

■ 钟型事件

就像一个钟表的形状和结构,组成钟表的要素有很多,但因为要素的数量及要素与要素之间的协同、相互作用是固定的,所以结果是固定的。比如买菜,买到菜;买衣服,买到衣服;从办公桌上拿手机,拿到手机。一个固定的过程必然能得到一个固定的结果,这就是钟型事件。

■ 云型事件

一片云从空间上看，它的形状是不固定的；从时间上看，它每一刻的状态都是不一样的。任何一个微小的变化都会导致这片云的形状不一样。最后，这片云是分散为很多小碎片，还是进一步聚集为更大的云团，这个过程和结果都是不确定的。

比如一个客户是否能成交由很多因素决定，它就是一个云型事件；你是否会喜欢一个人，由很多因素决定，它就是一个云型事件；孩子是否能考第一，由很多因素决定，它也是一个云型事件。

钟型思维还是云型思维

当我们在认知和判断一个事件的时候，首先应该区分这是钟型事件还是云型事件，再判断自己观察思考的角度是钟型思维还是云型思维，然后根据掌握的信息进行下一步决策。

如果一个事件是云型的，但观察模式是钟型的，那你就会百思不得其解。即使勉强得出一个判断，这个判断和结果之间也会有巨大的反差。

如果你希望男生送你某种礼物，你觉得只要学习引导投资的知识，就可以让男生送你你想要的礼物，那你的观察模式就是钟型的。男生不送你想要的礼物，产生这个结果的原因可能有什么？比如，有可能你错误地估计了两个人的感情浓度，两人目前所处的感情浓度状态还不适合送该礼物；还有可能是你要礼物的时机不对；或者是男生之前送完礼物没有好的体验；等等。男生不送礼物这件事可能的原因并不是固定的，而任何一种原因导致的事件结果都是不确定的，也就说明这件事并不是一个钟型事件，而是一个云型事件。

如果你用钟型思维处理云型事件，最后你会发现，引导投资这个理论没用。真的是引导投资这个理论不好用吗？不是，是因为你用钟型观察模式处理云型事件，所以你的判断和结果之间产生了巨大的反差。

刚开始创业的时候，你列了一个清单，列出哪些要素已经具备了，哪些要素还没有，然后你去补足这些要素就可以了。但是，当你补足这些要素之后，再往下继续，你会发现整个运行过程完全不是你所想的那样。因为本质上，创业这件事是"云"，而不是"钟"。

当我们在生活和工作中遇到挫败的时候，常常会很自然地抱怨"我这个人/我这个公司什么都有了，就是没有机会"，还有很多人抱怨自己"怀才不遇"——自己具备了干一番大事业的所有条件，只是没有一个恰当的机会。我之所以单身，是因为没有遇到合适的人，我不幸福是因为我遇到了渣男。当我们这样说的时候，很可能已经陷入一种认知谬误当中——用钟型思维判断一个云型事件。

"种瓜得瓜，种豆得豆"这句话是关于因果关系的判断，但我们没有意识到的一点是："种瓜得瓜，种豆得豆"只适合简单机械的钟型事件。而在生活中，简单机械的钟型事件其实少之又少，那些对我们来说真正重要的事情，比如命运、爱情、家庭、事业、与配偶和孩子的关系等，都不是钟型事件，而是云型事件。

当你和孩子或者配偶的关系出现问题的时候，你很容易用"种瓜得瓜，种豆得豆"的方式去寻找原因。你很可能像在钟表里找一个零件那样，把事态的所有原因都归到某一个或某几个确定的要素上。比如说孩子学习不好，你觉得是因为他偷懒、不努力，而实际上孩子学习不好可能存在很多原因。

无论配偶关系还是亲子关系，都是一连串可以不断细分的一个个事件，前一个事件会引发众多不能预期的后续事件，而后续事件又可能引发分化为更多的事件，最后你看到的结果是无法追溯一个明确原因的。但当我们想改变这种事态或者状况的时候，我们常常会把对方或者对方的某一个特点作为一个零件进行归因——我们之间的问题处理不好，就是因为"你如何如何"。事实上，这种事态或状况是你和对方数不清的要素以不可预期的方式进行碰撞化合的结果。

同样的道理，一个人的命运发展就像一团云，而我们习惯用钟型思维来观察我们的命运，所以常常会出现"怀才不遇，遇人不淑"的认知谬误。

想要解决情感问题，收获幸福，首先需要建立云型思维。怎样才能建立云型思维？

第一，你需要掌握一些恋爱技巧。比如在老公送了芭比粉的口红后，有的人为了避免老公继续送芭比粉的口红，就直接提出自己不喜欢这个颜色，还有的人说希望下次收到珊瑚红，但我的话术是希望收到红色系和橘色系的口红。因为在说这句话之前，我脑子里想的是，怎样让老公下次给我"投资"更多，怎样让他觉得他自己特别有眼光，等等。从本质上来讲，这已经不是一个单纯的赞美，是很多点状技巧在我们需要使用的时候瞬间自动化地连成线，变成面。

第二，你需要对很多恋爱技巧有正确的认知，比如清楚地知道什么是赞美，什么是撒娇，什么是示弱，等等。因为有了正确的认知，你的方向才有可能正确。只要方向对，虽然有时候改变可能会慢一些，但是没关系，一切都会向好的方向发展。

　　通过知识链接，试着建立云型思维，然后写下你的答案。

　　温馨提示：先试着自己做，然后参考附录，修正你的做法。

附录：参考答案

01　为什么事情做了很多，却没人念你的好

1.周末休息，男朋友想在家待着，你想让他陪你去做头发，你会怎么办？

参考答案：

亲爱的，我的头发好久没收拾了，你陪我去做头发嘛，我漂漂亮亮的，你带出去也有面子，是不是？

他们家旁边有家店有你最喜欢吃的水煮鱼，味道特别棒，你前两天不是一直说想去吃水煮鱼吗，你陪我做完头发，咱俩一起去吃，好不好嘛。

解析：

第一，本来男朋友不愿意陪你做头发，但是男生都希望自己的女朋友漂漂亮亮，你把做头发这件事情转变为能够给他长脸的事情，他才会从不愿意陪你的状态转到愿意陪你的状态。

第二，如果让男朋友自己在美发店等你好几个小时，他会

觉得非常无聊,而你给他抛出一个足够大的、能吸引他的诱饵——"你陪我剪头发,那我陪你去吃你很想吃的水煮鱼",他才会愿意上钩——陪你做头发。

第三,能够让男朋友感受到你时刻关注他的需求,明明可能他只是随口一说,你却记住他最喜欢吃的那家水煮鱼,让他感觉到你很在意他。

2. 当老公在工作上遇见挫折,被领导责骂了,你通常会怎么安慰他?

参考答案:

亲爱的,你们领导是不是特别看重你呀?要不然这件事放在别人身上,他可能就随便说几句,对你却骂了一顿。是不是他对你期望很大,所以才会这么严格要求你呀?

解析:

第一,通过反问让他自己回忆领导平时可能看重他的细节,让他产生怀疑的情绪,减少悲伤的负面情绪。

第二,能够通过和其他同事的对比,用事实让他找到证据,证明领导确实看重他。

第三,通过这样的正向引导,把老公被责骂的负面情绪转换为正面情绪。

3. 你和男生出去旅游，景点必须经过一座玻璃桥才能到达，这时候男生有一些害怕，你一点也不害怕，你会怎么做？当走完以后你又会说什么？

参考答案：

即使你自己一点也不害怕，但是你也要装作害怕紧张的样子，然后对男生说："亲爱的，你能牵着我过这个桥吗？我好像对这个有点害怕，我自己有点不敢过这个玻璃桥，你得牵我一下。"

等通过玻璃桥以后你再说："亲爱的，谢谢你，要是没你的话，我都不知道该怎么办了，有你真好。"

解析：

第一，你不害怕，但是他有恐惧情绪，如果这时候你嘲笑他，会让他有挫败感，并且会产生非常不爽的情绪。

第二，明明是他感到恐惧，你想扶着他帮他过这个桥，却表现出自己感觉好怕，需要他。其实男生通常天生会对女生有一种保护欲，这时候你让他牵着你过桥，就会让他对你有一种责任感和保护欲，可以克服他内心的恐惧。

第三，过桥的过程中他会非常紧张，但是这种紧张和心跳可能过后他会忘了是因为走玻璃桥导致的，只会感觉是和你在一起使他心跳加速，从而让他对你投入情绪。

第四，过桥后你对他的夸赞和认可，会让他产生一种成就感，他下一次就会更愿意为你付出，因为他知道他的付出在你这里能够得到认可和回报。

02　为什么你总被别人的坏情绪伤害

男生说："年终总结大会，领导表扬了 A 组的组长。B 组所有组员都为我鸣不平。"你应该怎么说？

参考答案：

认同情绪：你们公司老板怎么这样呀，我的男朋友这么优秀，他都没看到。

换角度提问：亲爱的，你们老板只夸了 A 组组长，是不是他觉得你在他面前展现得不够，所以他在提醒你呀？

对比式肯定：要不然，你看你的组员都为你鸣不平，说明你平时的工作能力肯定很优秀，要不然你也不会得到这么多人的认可。是不是因为你不会在老板面前表现才这样的呀？

解析：

第一，认同男朋友的能力，让他感觉你非常看好他，认可他的能力。男人希望自己在女朋友眼里是最棒的。男朋友生老板的气，你就要跟他站在一条战线上，让他感觉你是理解他的。

第二，虽然男朋友没有被夸奖，但是你要给他希望，让他觉得老板其实看到了他的努力，只不过希望他更努力一点。

第三，通过其他同事的认可来证明男朋友的能力，让他有自信，同时给换个角度看"没被夸奖这件事"提供证据，告诉他老板是在提醒他，所以才表现出这个意向，希望他能够找对调整的方向。

03　为什么你总是把高兴变扫兴

经过一年的努力，男生终于拿到了一个特别好的offer，跟你分享后，你应该怎么回应？

参考答案：

第一步，你自己拿到了一份特别好的offer，跟你的闺蜜分享，这个时候你的情绪是什么状态，你希望听到闺蜜跟你说什么？

首先你要意识到，你拿到offer，是通过很多努力才拿到的，如果这时候闺蜜说一句"运气真好"，是不是你大概率会非常不爽，"难道我只是运气好吗，我自己的努力你为什么没有看见"？这时候，你期望自己的努力被看见，自己的能力被认可，你希望闺蜜认可你的能力和努力。

第二步，你的表姐拿到了一份特别好的offer，跟你分享，你会怎么回应？

表姐是你亲近的人，她拿到一个很好的offer，你首先会发自内心地祝贺她,同时你也会好奇表姐为什么能够拿到这个 offer,所以你可能想要询问表姐拿到这个 offer 的经过,因为只有亲近的人才会告诉你一些比较私密的事情。

通过第一步,从你自己的角度,感受经过一年的努力,男生终于拿到了一个特别好的 offer,此时此刻的心情是能力和努力需要被认可。通过第二步,从最亲近的人身上意识到,你可以询问努力的过程,让对方跟你分享他成功的经验。回到男朋友身上,你需要先认可他的情绪——认可他的能力和努力,让他想要跟你分享成功的过程和他的喜悦,满足他的成就感。

参考话术:

真的吗?亲爱的,你是怎么拿到这个 offer 的,赶紧跟我说说。(努力的过程)

这个公司我有好多同学想进去都被刷下来了,你竟然拿到了他家的 offer。(对比)

大神,你太牛了,求抱大腿,下次我要是换工作,那你可得好好帮帮我,谁让你这么厉害呢!(感受)

解析:

第一,通过询问努力的过程,让男生对你有倾诉欲,当他向你描述他努力的过程时,就是在与你共享情绪。一旦形成倾诉的习惯,他会在开心或不开心的时候下意识地第一时间跟你分享,因为他感觉和你分享以后,好的情绪会被放大,他才会更愿意跟你分享。

第二，通过事实证据来证明他确实很厉害，从而让他产生成就感。

第三，通过认同他的感受让他想要炫耀。人在想要炫耀的时候，会特别乐意分享他的经验和努力过程。你要满足他炫耀的目的，并且引导他让他愿意为你付出。

04　为什么你听到的不是他要表达的

假设男朋友中午的时候问你"在干吗"，你会如何回复？

参考答案：

当男朋友中午问你"在干吗"，首先要看男朋友找你的目的是什么。从时间点看，中午大概率是男朋友比较空闲的时候，如果此时你回应他一个事实，比如"在看微博""在和同事聊天"等事实，会让他觉得你此时顾不上他，顿时打消想要找你聊天的想法，因为他并不是真的想要问你在干什么，而是想要和你聊天。所以，这个时候的正确回复应该是"我在想你呀，你就给我发消息了"。这样的回复才是回应男朋友想要找你聊天的情绪，才能给他想要和你聊下去的动力。

05 为什么你想拉近彼此的距离，却总是适得其反

老公出差回家，给你带了一盒面膜，但这个品牌特别小众，知道的人不多，更别说直男老公了。你很好奇这盒面膜是怎么来的。请通过双面胶赞美法，在赞美老公的同时，弄清楚这到底是怎么回事。

参考答案：

老公，这个面膜你是怎么发现的啊？特别好用！（赞美/认同）多少钱啊，贵不贵啊？下次可以给我带更多吗？因为你给我带的，比我自己买的好用多了！（希望/建议）

解析：

第一，会让老公跟你分享他发现这款面膜的经历。虽然他可能只是偶然发现了这款面膜，但是你这样问他，下次他就会更加用心地研究送你什么礼物。同时，通过分享的过程，把送你礼物这件事的正向情绪放大了。

第二，你对于他给你买礼物这件事情的肯定，会让他觉得对你付出是可以得到回报的，他才会有动力下一次为你付出。

第三，夸奖礼物非常好用，他会认为自己擅长买礼物。人都喜欢做自己擅长的事情，因此下一次他会更愿意去做这件事情。